强农惠农丛书·特种动物养殖系列

饲用动物养殖关键技术

向前　张秀江　向凌云　主编

中原农民出版社

·郑州·

图书在版编目(CIP)数据

饲用动物养殖关键技术 / 向前，张秀江，向凌云主编.—郑州：中原农民出版社，2019.10(2023.3 重印)

ISBN 978-7-5542-2118-1

Ⅰ.①饲… Ⅱ.①向… ②张… ③向… Ⅲ.①动物性饲料—经济动物—饲养管理 Ⅳ.①S865

中国版本图书馆 CIP 数据核字(2019)第 214459 号

饲用动物养殖关键技术

主编 向　前　张秀江　向凌云

参编 胡　虹　刘　丽　李原厂　权淑静　冯　菲　陈晓飞　刁文涛　王秋菊

出版社：中原农民出版社

地址：郑州市郑东新区祥盛街 27 号 7 层　　　　邮编：450016

发行单位：全国新华书店　　　　　　　　　　　电话：0371－65788655

承印单位：河南省环发印务有限公司　　　　　　传真：0371－65751257

投稿邮箱：1093999369@qq.com

交流 QQ：1093999369

邮购热线：0371－65724566

开本：890mm×1240mm　　A5

印张：7

字数：175 千字

版次：2020 年 5 月第 1 版　　　　　　　　　印次：2023 年 3 月第 4 次印刷

书号：ISBN 978-7-5542-2118-1　　　　　定价：20.00 元

本书如有印装质量问题，由承印厂负责调换

前　言

　　我国是农业大国,作为基础产业的农业,在国民经济发展中的作用举足轻重。进入 21 世纪,随着经济的发展,人民生活水平的提高,人民对物质文化生活的要求也越来越高。在 20 世纪,人们吃饱、吃好就得到了满足,而现在吃要吃出风味、吃出健康,穿要穿出档次、穿出风度,仅有传统畜牧业已经远远不能满足需要了,因此特种养殖业范围在扩大、规模在扩大。随着以动物蛋白为主要饲料的珍贵毛皮动物、药用动物的发展,动物性饲料需要量愈来愈大,价格愈来愈高,饲用动物的养殖也应运而生,成为特种养殖中不可缺少的一部分。

　　饲用动物养殖技术的发展、生产范围的扩大、生产量的增加,解决了特种养殖所需的动物性蛋白,特别是吃活虫动物的饲料问题。所以,特种经济动物养殖范围逐渐扩大、种类逐渐增多、产量逐渐增大,有力地促进了特种经济动物养殖业的发展。

　　饲用动物蛋白质含量高,干品粗蛋白含量达 60％ 以上,经提取和精制,也可以做人服用动物蛋白粉,为食品工业增添新的内容。

　　饲用动物人工养殖规模可大可小,如果有加工企业带动,农户可以利用自己的庭院和破旧房屋、农副产品开展饲用动物养殖,小虫子可以做成大产业,带动当地农民脱贫致富奔小康。

　　然而,饲用动物养殖在我国一直处于冷门,以前是作为吃活虫的特种经济动物的附属养殖,大的企业还没有几家,且产品只开发到中档。在国家全民创业的形势推动下,饲用动物养殖技术、产品加工增值一定会很快提高,养殖集约化、产品加工规模化与高档化,小虫子一定能做出大产业,为我国经济发展增添一份力量。

　　由于本人知识面有限,在饲料人工养殖技术、产品加工技术等方面还不能完全满足读者的要求，请予以谅解；如有错误的地方请批评指正。

向　前

2019 年 7 月于郑州

目　录

目

录

3

第一章　蚯蚓养殖关键技术

　　人工养殖蚯蚓是一项新兴的产业,蚯蚓能作为畜、禽、鱼类等养殖的蛋白质饲料,还可以改良土壤,培育地力,变废为肥,消除有机废物对环境的污染,具有极高的经济价值。但在养殖的过程中要注意温度、饲料、场地、引种等方面问题,以确保人工养殖蚯蚓的成活率。

一、蚯蚓人工养殖的经济价值

蚯蚓（图1-1）的种很多，到目前为止全世界已发现、确认的种有2 520多种。蚯蚓又分水生和陆生两大类，水生蚯蚓占的比例小。在我国蚯蚓分布较广，除高寒地区外，其余地区均有自然分布。蚯蚓种多达163个种。

图1-1　蚯蚓

蚯蚓种虽然很多，但适应人工养殖且综合经济价值高的种极少，目前业界认为赤子爱胜蚓、北星二号、大平二号等为人工养殖的良种。其次，白颈环毛蚓、威廉环毛蚓、参环毛蚓等也有人工养殖价值，可以继续驯化饲养。蚯蚓人工养殖的经济效益有以下几个方面：

(一)蚯蚓是传统中药材

蚯蚓作为中药材,药名为地龙,具有很重要的药用价值,可治疗肺热哮喘、高热惊悸、痉挛抽搐等病,亦可治疗尿涩水肿、瘀血、乙型脑炎后遗症、烧伤和烫伤、伤口不愈合等病。蚯蚓所含的蚯蚓解热碱对大肠杆菌等细菌产生的毒素所引起的病状有明显的缓解作用。

蚯蚓体内的蛋白质为优质蛋白质,必需氨基酸含量丰富,如缬氨酸、亮氨酸、苯丙氨酸、赖氨酸,除其营养价值以外,还具有迅速平衡平滑肌的功能。

(二)蚯蚓是某些特种经济动物的活饵料

蚯蚓营养价值高,制成的干品其粗蛋白质含量高达 66.5%、粗脂肪 12.8%、碳水化合物 8.2%、钙 0.4%、磷 0.6%,其蚓体蛋白质中含有所有的氨基酸,多种维生素和微量元素,是优质的动物饲料。应用范围有以下几个方面:

1. 用作特种动物的活饵料

(1)水产动物饵料 可以作黄鳝、鳖、泥鳅、牛蛙、美蛙、七彩龟、金钱龟、草龟等水栖特种动物的饵料(图 1-2)。据研究,对牛蛙、美蛙长期投喂蚯蚓,幼蛙不仅生长速度大幅度提高,并且可促进种蛙提前产卵,1 年能产 3～4 批卵;鳖若长期投喂活蚯蚓,生产速度、产卵率均能提高 10% 以上。

图 1-2　蛙采食蚯蚓

（2）药用动物饲料　人工养蝎、蜈蚣都需要活饵料,蚯蚓是活饵料中的一种。

2. 用于传统养殖家禽、家畜的饲料添加剂

饲养实验证明:在仔猪饲料中添加 2%～3% 的蚯蚓粉,生长速度能提高 12.5%;在泌乳母猪饲料中添加 2% 的蚯蚓粉,泌乳量能提高 9.3%。在长毛兔日粮中添加 2% 的蚯蚓粉,73 天养毛期产毛量能提高 10%;在产仔母兔日粮中添加 2% 的蚯蚓粉,泌乳量能提高 14.7%。

（三）蚯蚓是珍贵毛皮动物所需的优质蛋白质

珍贵毛皮动物,例如水貂、狐狸,人工饲养动物性饲料占日粮中的比例达 60%～70%,貉饲料中,动物性饲料占比达 40%～50%,因动物性饲料价格高,多用禽畜屠宰的下脚料代替,但营养不全面。如果珍贵毛皮动物饲料中加入 5% 左右的蚯蚓粉,用以平衡饲料的全价性,其配制的饲料营养水平就大为提高。

（四）蚯蚓粪可作城市居民种花的肥料

蚯蚓是改良土壤的天然能手,蚯蚓特有的石灰腺体分泌的黏液中的物质,对酸性土壤或碱性土壤都能起到中和作用。据估测,1 亿条蚯蚓,每天可产出 2 吨蚯蚓粪。蚯蚓粪是极优良的有机肥,据测定,其中含氮 1.12%、磷 1.21%、钾 1.31%,还含有能使土壤具有很强保水性和渗水性的胡敏酸,能保持土壤含水量。

二、蚯蚓的生物学特性

生活在陆地上的蚯蚓,身体细长而分节,无明显头部,每节两侧无疣足而有刚毛,刚毛着生在体壁上,数目较多,毛类较少。皮肤内有很多腺细胞,分泌黏液经常保持皮肤湿润。雌、雄同体,精巢和卵巢位于身体前端少数体节内,当性成熟时有环带出现,其分泌物可形成卵袋,为容纳受精卵及胚胎发育之用。蚯蚓可直接发育,无幼虫期。

（一）形态特征

1. 外部形态（图 1-3,图 1-4）

蚯蚓生活在湿润、疏松、肥沃的土壤中,对土壤适应的特点尤为明显。头部像沙蚕一样分为口前叶和围口节两部分,但感觉器官如眼和触手已全部退化。在口前叶中有肌肉,能伸缩,当其充满液体,使之饱胀时,有探索和掘土的功能。围口节无刚毛,第二节开始才有刚毛,刚毛适于在地面爬行或支撑。高等的蚓种,如巨型科中的环毛属蚓种,则刚毛呈环状排列,所以称其为环毛蚓。刚毛大部分藏于体壁中,内端有生毛囊、伸毛肌及缩毛肌。生毛囊内有产生刚毛的形成细胞,以产生新的刚毛(图1-5)。

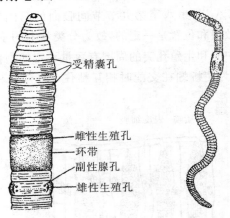

图1-3 蚯蚓前端腹面观

受精囊孔
雌性生殖孔
环带
副性腺孔
雄性生殖孔

图1-4 蚯蚓整体图

环毛蚓的身体由很多体节组成,在节与节间有一深槽,叫节间沟。在体节的上面又有较浅的体环沟。体节的数目常随种的不同而不同。环毛蚓体节70~100节。

背面中央第六、第七节起,节与节之间都有一小孔,称背孔。背孔平时紧闭,在土壤干燥的环境中,孔可张开,射出体腔液,以

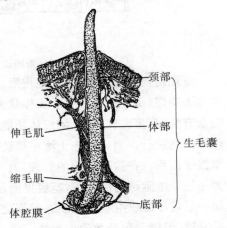

颈部
体部
伸毛肌
生毛囊
缩毛肌
底部
体腔膜

图1-5 蚯蚓刚毛及生长囊纵切面

润湿皮肤,这是蚯蚓的一种保护性反应。自第十四至第十六节到性成熟时,变成腺肿状隆起,称此突为环带或生殖带,通常无刚毛,也无节间沟,其分泌物可形成卵袋。雄性生殖孔 1 对,位于第十八节腹面的两侧,通常开口在一乳头突上。此突露在外面或藏在一半月形的囊内,囊的附近还有一个或数个小的乳头突。

雌性生殖孔 1 个,位于第十四节腹面的中央,无乳头突。受精囊孔的对数因品种的不同而有差异,环毛蚓一般有 3 对,在第六至第七节、第七至第八节、第八至第九节节间腹面的两侧。生殖孔、受精囊孔和环带的数目和位置是一定的,故为分类学上的重要根据之一。在受精囊孔的中间和生殖孔突的周围有数量不定的副性腺孔,由此分泌黏液,其功能为使蚯蚓在交配时相互粘住。肛门是一纵裂,位于身体的末端。

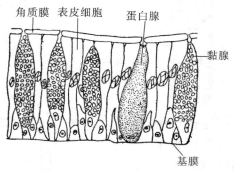

图 1-6 蚯蚓皮肤的切面

蚯蚓的皮肌囊由角质膜、表皮层、肌肉层和壁体腔膜所构成。

表皮层(图 1-6)是一层长柱状的表皮细胞,或称下皮细胞,中间杂有黏腺、蛋白腺,有分泌液体功能,使皮肤保持润湿,以保证呼吸作用顺利进行。当蚯蚓在土壤中移动时,能使身体滑动,以免土粒的摩擦受损伤。在这层细胞的外面,有一层角质膜。表皮细胞的基部为一层非细胞结构的基膜,基膜里面是肌肉层,包括外面的环肌和里面一层较厚而成束状的纵肌。纵肌之内紧贴着一层膜,细胞扁而不易分清,但能看到分散的细胞核,这层膜就是壁体腔膜。

2. 蚯蚓体内部结构

蚯蚓的体腔长,每节间有隔膜隔开,在每一隔膜腹面有一小孔,使每节的体腔液能相互流通。环毛蚓的体腔液通常呈黄绿色,但其浓度和色泽随种的不同而有差异。在体腔液中主要漂浮着各种体腔细胞,有排泄和输送养料的功能。体腔液可以经背孔或肾孔排出,以维持体表润滑。其内部结构见图1-7、图1-8。现将系统分述如下:

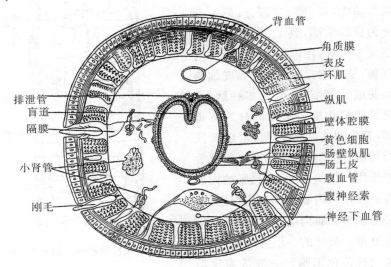

图1-7 环毛蚓体中部横切面示意图

（1）消化系统 蚯蚓的消化道是一条直的管子,可分为前肠、中肠和后肠三部分。前肠始于口,口腔可以翻出口外,用于摄取食物。咽头呈梨状,壁很厚,富有肌纤维,咽肌的收缩能使咽腔扩大,用力吸进食物。在咽部周围有单细胞的咽头腺,由咽头背部通入口腔。该腺分泌黏液和蛋白质分解酶。黏液可润湿食物,使其结成食物块,蛋白酶则使食物中的蛋白质初步消化。自第五至第八节是1条短而狭的食管;在第八至第九节间有1个肌肉质的砂囊,有的蚯蚓砂囊前还有一个嗉囊,但环毛蚓的嗉囊则不显著。由于嗉囊肌肉的收缩,加之内面角质膜的摩擦,泥沙中的食物可以在囊内磨成细粒,进入中肠进行消化。砂囊后面第十至第十四节间的一段血管多又富有腺体，称为胃。在胃的前面有一圈胃腺，它的结构、功能和咽头腺相同。胃壁上还有许多腺体，其分泌物有消化食物的功能。从第十五节起，消化道扩大，称为小肠。根据肠的形状和功能，可分为三部分：第一部分为盲肠前部，其上皮多褶皱，肠壁又多血管，在第二十六节有1对盲肠，呈指状排列，里面上皮细胞都变成了腺细胞，分泌多种酶，为重要的消化腺。第二部分为盲道部，背中央有1条内褶，形成较浅的盲道，有增加消化、分泌和吸收的作用。从组织学上看，肠的内层为一层来自内胚层的上皮细胞，外层为极薄的肌肉层，环肌和纵肌均有分布。最外的一层为壁体腔膜。膜上有黄色细胞。一般认为这类

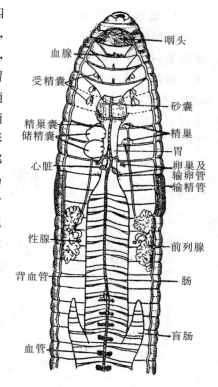

图 1-8　环毛蚓内部结构示意图(背面)

细胞能从血管中吸收排泄物，储存在细胞内，最后落入体腔中，然后由肾管排出。第三部分为盲道后部，或称后肠，在后端的第二十三至第二十五节，这部分肠壁的微血管少，储存的废物能从肛门排出体外，形成蚓粪。

　　蚯蚓的消化系统由口腔、咽喉、食管、嗉囊、砂囊、肠道、排泄孔组成。其消化过程是：由口腔分泌黏液，把食物软化，由口前叶摄取，经咽喉毛食管，与食管两侧特有的石灰腺分泌出的钙进行中和后，至嗉囊储存和酶解，再经砂囊的肌内质厚壁混合磨碎后进入肠道，由肠道消化酶进行分解吸收，未消化的食物和废物，经排泄孔排出体外。

　　(2)呼吸　环毛蚓无专门的呼吸器官，但在皮下有很多微血管分

布,血管中的二氧化碳由扩散作用排出体外。大气中的氧气,通过潮湿的皮肤而被吸收,如果皮肤干燥,气体交换则立刻停止。皮肤除了一般性保护体内的器官以外,皮肤内的腺细胞还不断分泌黏液润湿皮肤,维持体表湿润,保证其身体的气体交换正常进行。在蚯蚓呼吸过程中,体表黏液具有溶氧的作用,溶解的氧气,除了皮肤细胞消耗一部分外,其余的通过细胞腺孔和背孔吸收,扩散在体内细胞间,进行气体交换,这种生理过程对蚯蚓的新陈代谢起着重要作用。

(3)循环系统 环毛蚓血管分布比沙蚕复杂,特别是前14节变化更多,主要血管可分为:①背血管。这是一条最大的血管,位于肠的上面,能不断搏动,使血管内血液自后向前流动,在第十四节后,每节收集肠壁上的背肠血管和来自体壁的壁血管的血液。②心脏。环毛蚓有4对环血管连接背腹两血管,这4对血管大而有节奏地跳动,故称心脏。血管内有瓣膜连接背腹血管,后面2对背侧分两支,一支与背血管相连,另一支与胃上血管相连。③腹血管。也是一条纵行大血管,位于肠的下面,不能跳动,每节有分支至体壁,在第十四节以后,每节有一支通入小肠壁,又有分支毛隔膜、肾管及体壁。至体壁上的一支称腹血管,有行使呼吸功能。④神经下血管。是一条较细的血管,在神经链的下面,从身体的前端向后延伸,每节有细支通体壁,在第十四节,与食道侧血管来的分支相接合,合并而变粗,并有一支分支为隔肠血管,穿过隔膜入肠壁;另有1对分支为壁血管与背血管相连。⑤食道侧血管。位于前13节,食道的腹侧面,每节都有分

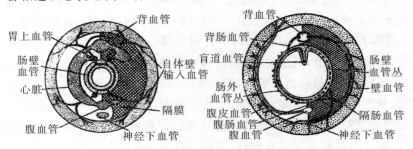

图1-9 环毛蚓循环系统示意图(横面观)

支,收集咽头腺、消化道、隔膜和体壁上的血液。

蚯蚓血液循环的途径,主要由背血管自第十四节后每节收集背肠血管的养料和壁血管的氧气后,向前流入食管、咽、脑等处。大部分的血液经过心脏流入腹血管;而一部分血液直接或间接流入食道侧血管。腹血管流经心脏的血液,向后流动并每节有分支到体壁、肠和肾管等处。在体壁上进行气体交换后,氧化了的血液,于第十四节前回入食道侧血管;第十四节后回入神经下血管,经每节的壁血管重复循环,以供全身的需要。

(4)排泄系统　蚯蚓具有典型的后肾,环毛蚓没有每节1对的大肾管,只有为数极多而又微小的小肾管。除第一、第二节外,几乎每节都有,按其分布地位不同,可分为三类。

1)体壁小肾管　位于体壁的里面,每节有很多。

2)隔膜小肾管　在第十五节后,每一隔膜的前后方,小肠的两侧,每侧有40～50个。

3)咽头小肾管　在第四、第五、第六节咽头和食管两侧,成束或成堆的存在。

体壁肾小管的排泄孔开口于体外,后两类肾小管开口于消化道,可以润湿食物,因此,陆生蚯蚓的肾小管除有排泄作用外,还与消化有关。环毛蚓的大多数肾小管的排泄物能排入肠内,有储水的功能,是对干旱环境的适应。

(5)神经系统(图1-10)　蚯蚓的神经系统已分化为中枢神经系统、外周神经系统和内脏神经系统三部分。中枢神经系统为典型而集中索状神经系,在前端第三节背侧有1对脑,两侧有围咽神经与1对咽下神经节相接。自第四节直到后端,连着1条腹经索,每节有一膨大的神经节,成链锁状,所以称为腹神经链。

外周神经系包括从脑前侧分出8～10对神经,至口前叶和口腔壁,从围咽神经分出多对神经,到第一节和口腔壁。从咽下神经节分出神经至第二、第三、第四节体壁。在腹神经链上,每节分出3对神经,前1对在刚毛圈的前面,后2对则自神经节伸出。每条神经都含有感觉和运动纤维,执行传导和反应的机能。

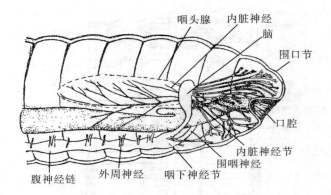

咽头腺　内脏神经
脑
围口节
口腔
内脏神经节
围咽神经
腹神经链　外周神经　咽下神经节

图1-10　蚯蚓的神经系统示意图

由脑分出神经至胃、肠的神经,称为内脏神经系;它控制消化道的活动。

蚯蚓在土壤中生活,感觉器官不怎么发达,但身体的腹面和两侧皮肤上有较多小突起,起触觉作用。在口腔的里面或其附近有嗅觉器官和味觉器官,用以觅食或辨别食物。身体各部除腹面外,都有感光细胞,能背强光趋弱光,此外,对温度、湿度及空气震荡均有感觉。

(6)生殖系统(图1-11)　环毛蚓雌、雄同体,其生殖腺和多毛类不同,失去了分节排列的特性,而是集中在几个体节内。

1)雄性生殖器官　环毛蚓有2对精巢,包在两对精巢囊内,囊壁由体壁膜分化而成,在第五、第六节的后方。精巢囊内有精巢和精漏斗,输精管穿过膜上的孔,与后一对储精囊相通。储精囊2对,在第十一、第十二节内,精细胞在精巢中产生后,先入储精囊发育,待成熟后再回精巢囊,由精漏斗经输精管排到体外。输精管在第八节后,两两平行,内有纤毛上皮。行至第十八节,与前列腺的支管和主管相会合,经前列腺管由雄性生殖孔通出。前列腺在第十六至第二十二节内,它的分泌物与精子的活动和营养有关。在前列腺附近还有副性腺,各有短管通主乳头突上。

2)雌性生殖器官　在第七至第八节隔膜后方腹神经线的两旁,有1对葡萄状的卵巢。在第八节内有1对卵漏斗,其后面与很短的

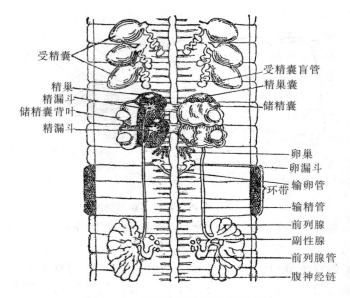

受精囊

受精囊盲管
精巢囊

精巢
精漏斗
储精囊背叶
精漏斗

储精囊

卵巢
卵漏斗
输卵管
环带
输精管
前列腺
副性腺
前列腺管
腹神经链

图 1-11　环毛蚓的生殖系统示意图

输卵管相接,至第十四节腹神经链以下会合而由雌性生殖孔通出。

　　受精囊的数且常随种的不同而不同,通常有 3 对,在第七至第九节内,每一受精囊由一容精器及一管和自管长出的盲管组成,用于接受和储存异体精子。

　　3)生殖发展　蚯蚓雌性生殖器官和雄性生殖器官同在一条蚯蚓上,但是由于雌性生殖器官和雄性生殖器官的成熟期不同,故仍需异体受精,在生殖季节即 8～10 月两条蚯蚓进行交配,有时也在 4～6 月交配。交配时副性腺分泌黏液,使两条蚯蚓的腹面互相粘着,头部向着相反的方向。精液自雄生殖孔排出,储存在对方受精囊内,交换精液后两条蚯蚓分开,待卵成熟后,环带表皮中腺细胞分泌一种物质,在环带外面凝固成一环状膜,套在环带外面,称为卵袋,成熟的卵产在卵袋中。当蚯蚓做波浪式运动的后退时,卵袋向前移动,一直移到受精囊孔处,精子溢出,在袋中受精。卵袋继续向前移动,最后离开蚯蚓,两端封闭而留在土中。卵袋内含有 1～2 个胚胎,如环境条件不适宜,卵可以在第二年孵化。

（二）生态分布

以环毛蚓为例,环毛蚓体表的颜色常因分布区域不同而体壁中色素不同而有差异,也和它们的生活环境有关。背面颜色一般较深。棕、红、紫、绿各色都有,有保护的功能。腹面一般颜色极淡。环带通常为肉红色或乳白色,有的全身透明无色素,如重庆产的透明环毛蚓。四川金佛山的晰蚊环毛蚓常爬在苔藓上,背部颜色、斑纹和苔藓相似。这些都是拟态的例子。

有的蚯蚓生活在土壤的表层,有的生活在腐草根间,有的钻入土中,在 30～70 厘米深处生活。穴的深度常与蚯蚓的长度与土壤疏松度有关。蚯蚓居住的土质因种的不同而有差异。黄土中缺乏有机物,没有它们的痕迹。

蚯蚓一般喜欢生活在湿而偏酸性的土壤中,有的就生活在河畔的湿土中。只有少数能生活在干燥的环境中,如杜拉蚓、合胃蚓等。

除少数蚓种能耐寒以外,多数是喜温动物,生活在热带和亚热带地方。寒带地区蚯蚓到冬季都钻入深土以避寒冷。在热且干燥的地方它们也钻入土中,躲避干燥。

当夏季下阵雨后蚯蚓往往从土中爬到地面。蚯蚓虽喜欢潮湿,但对土壤中有过多的水分也不能适应,因过多水分会将土壤中的孔隙堵塞,使蚯蚓因缺氧窒息而死亡。大雨以后常见蚯蚓爬出土,就是这个原因。

（三）生活习性

1. 喜湿性

蚯蚓为了保持体内体液的平衡,保证新陈代谢顺利进行,只适应在潮湿的环境中生活。但是由于种的不同,生活的环境不同,其对土壤的适应湿度也不相同。总体来讲,适应土壤相对湿度为 30％～80％,但是种与种之间适应土壤湿度的范围有明显差异。例如,威廉环毛蚓适应土壤的相对湿度为 30％～45％;爱胜蚓适应土壤的相对湿度为50％～80％;一些巨型蚓种几乎都能适应土壤的相对湿度为45％～50％。蚯蚓在土壤温度适宜、松软、溶氧充足的环境中,绝不另外凿穴而居,而是集中一处,呈窝居状态。这一点给人工养殖提供了思路。如果养蚯蚓者把养殖床建造得很适合它们的生活需要,蚯蚓绝不逃跑。如果养殖床上湿度大或小,它们均会逃出养殖床,否则就会死亡。例如,土壤湿度低于它们能适应的下限,蚓体便会脱水、萎缩呈半休眠状,时间长了会造成死亡;如果土壤湿度高于能适应上限,会随着气温的增高而增加死亡危险性和死亡的速度。养殖床温度低,则溶氧充足,养殖床上耗氧量亦低,物质不易腐败,蚯蚓尚可存活,可以耐到冬眠温度的下限温度。

2. 畏光性和喜暗性

蚯蚓怕光,喜欢阴暗的环境。蚯蚓怕日光中的紫外线照射,在日光和较强的电灯照射下蚯蚓不会轻易出养殖床,他们昼伏夜出的习性也正是因为怕光而形成的。只有在其栖居环境中发生了特殊情况,如养殖床上发生敌害、药害、水分大以及养殖土中缺氧、高温、干燥等,蚯蚓才会被迫离开。但蚯蚓不怕红光、绿光。

蚯蚓喜欢阴暗潮湿的环境和安静的地方,有震动的地方、有敌害的地方、风口处,蚯蚓都很少。蚯蚓多生活在阴湿处的腐草、腐木、腐树叶处,特别有真菌生长的地方,因为真菌生长将有机物质如木头、树叶、枯草等废物中的纤维素、木质素等分解,转变成能被蚯蚓消化、吸收、利用的腐殖质,即变成了蚯蚓的饵料。

3. 恋巢性和分居性

由于所居地域土壤的酸碱度、营养丰富程度以及属种等类型不同,对环境条件要求也不相同,所以同是一目的蚓种,对环境条件要求也不同,但同一种的蚯蚓能长期生活在一起,这种习性有利于集约化养殖。

人工养殖实践发现,蚯蚓繁殖很快,高密度会造成饵料不足,不分散饲养会造成食不果腹。另外,高密度又造成体表黏液腐败,使生存条件恶化,老龄蚯蚓分居性强,不得不迁离原来的环境,去寻找适宜生存的环境。这在人工养殖中应特别注意。

4. 冬眠和夏眠习性

蚯蚓生长、发育、繁殖等生理活动最适宜的温度为 20~25℃,低于 20℃时生长发育缓慢;当环境温度低于 10℃时,蚯蚓开始停食;当环境温度降至 4℃时,就进入冬眠状态,冬眠时不吃、不动,像死的一样。0℃以下就会被冰冻而死亡。小型种类,多为群体集聚,于 4℃上下汇集成群,集体越冬。等到翌年春天,凡经过冬季深度冬眠的蚯蚓,在 8℃时能出蛰的,体质好、生命力强;凡是经过冬眠,到第二年春季环境温度在 10℃以上出蛰的,体质就比较弱,成活率也比较低。选择 8℃左右出蛰的个体留种,种蚓生命力强,种群生产性能好。一般大中型蚓种的个体多为个体凿穴,深入地下越冬。不管以何种形式越冬,不能深度冬眠而处于半冬眠状态的蚯蚓,多数难活过翌年春天,其原因是它们的新陈代谢未降至冬眠时的水平,越冬期体内的能量消耗大,体能降低而引起死亡。

蚯蚓对高温也敏感。夏季当饲养土层中温度达到 30℃时,蚯蚓的生长、发育、繁殖活动就会受到抑制,各自钻入土层深处,乘凉避暑。当土层温度高达 35℃以上,蚯蚓停食,进入夏眠状态,以避免身体受到伤害。此时的蚯蚓身体萎缩,感觉极为迟钝。一旦气温下降,养殖土温度适中,夏眠蚯蚓身体逐渐恢复,进入正常生理状态。调查发现,在长江中、下游沿线和长江以南各省,出现夏眠现象,这里的蚯蚓繁殖高峰期分别出现在 3～6 月和 8～11 月。

5. 杂食性

蚯蚓的食性很杂,植物性饲料和动物性饲料均可食。所以,很早以前中国农业科学院土壤肥料研究所的专家就用蚯蚓处理城市垃圾,把垃圾变成优质肥料,既能减轻城市处理垃圾的负担,又能得到优质有机质肥料,造福于社会。

蚯蚓更喜吃一些动物性饲料,动物性蛋白质中氨基酸全面、营养丰富。蚯蚓以这些饲料为主时,生长发育、繁殖都很好。不过给蚯蚓吃的动物性饲料都是屠宰场下脚料、污水、饭馆的潲水等。在野生状态下,饭店倒潲水的地方蚯蚓很多。

蚯蚓吃的食物不管是屠宰场的下脚料或是糟渣、树叶、烂菜、瓜果以及厩粪等,都必须经过发酵熟化后才能喂蚯蚓。蚯蚓在吃发酵后的饲料时,也吃进一定数量的泥土、沙粒、煤渣和其他无机物,这些都能帮它消化。因为蚯蚓消化系统中的砂囊具有磨碎食物的功能,磨碎食物需要沙粒等硬物。

蚯蚓吃的饲料,以中性或微酸性为好。野生蚯蚓在自然生存的条件下,对自然饵的配套度有较灵敏的选择能力,对吃进消化道内的饵料不管偏酸或偏碱都有中和能力。有人给土壤偏酸和偏碱地区的蚓粪做过测定,发现这些地区的蚓粪都是中性的。这一现象说明蚯蚓是良好土壤的改良者,大量饲养蚯蚓,对土地改良有很大的帮助。在人工饲养中必须重视,要为蚯蚓创造中性或偏酸性的环境,食物也不能过于偏酸或过于偏碱。

6. 对农药很敏感

蚯蚓几乎对所有的农药都很敏感,这些农药无一不对蚯蚓造成伤害。根据区域性调查发现,由于大量使用农药、化肥,现在农田里的蚯蚓平均每亩的数量仅为 20 世纪 50 年代数量的 1/6。这足以说明农药的使用已严重限制了蚯蚓的生存环境,也破坏了土地的自然生态平衡和土壤的结构,影响了农业的良性循环。蚯蚓在土壤中大量减少、土壤逐年板结,给农民科学种养带来巨大损失。为了保护生态环境,现今研制出了中药无毒杀虫剂和生物灭虫的方法,对蚯蚓的生存带来了好处,今后对无公害产品应鼓励发展,逐渐代替毒性农药,对人类安全也有重要意义。

(四)繁殖特性

蚯蚓是雌雄同体,异体交配的方式繁殖。蚯蚓的性成熟早于体成熟。蚯蚓自孵出后,经过 40 天的生长、发育就有交配行为发生,而且能正常受精和产卵,受精卵也能孵化出小蚯蚓。这一特性爱胜属蚓种表现更为明显。

蚯蚓交配后,环带的上皮腺很快分泌大量的分泌物,把环带包着,形成一个紧箍环带圆筒,向后蠕动的蚯蚓身体不断后退,圆筒不断向头部移动,这时蚯蚓前段仍在分泌黏液进行润滑,逐渐向前滑动环带,直至最后从头部脱离下来,脱下来的环带自行封闭两端并收缩成一个橄榄状胶性体,称其为卵茧。

蚯蚓卵茧产出时呈乳白色,在空气的氧化作用下,表面逐渐变成浅绿色、橙色和肉红色,最后变成棕红色时,即可在光线下看到卵内蠕动幼体蚯蚓,这时的幼蚓即将出壳。一般 1 个卵茧光线下能孵出 2~14 条幼蚓。

蚯蚓交配后 8 天左右可陆续将卵茧产在养殖土表面 3~5 厘米深处,一般每隔 2~7 天产 1 粒卵茧。在人工养殖的优良种中,也有 1 条蚯蚓 1 年产 227 个卵茧的高产纪录。蚯蚓产卵茧的温度范围为 8~30℃,生长、繁殖的最佳温度范围为 20~25℃。温度下降到 20℃ 以下时,蚯蚓产卵茧量下降,孵化时间延长。实践中发现,养殖床上温度在 20℃时,卵茧的卵化期为 15 天,床上温度降低到 8℃时,卵茧的孵化期能长达 35 天;养殖床上温度升高时,则产茧量也随之增加,卵化时间也随之缩短,最快 7 天就能孵出幼蚓,但孵化率下降,孵出的幼蚓体质弱。一旦床上温度升至 31℃,种蚓停止产卵。

蚯蚓对环境湿度因种的不同而有差别。一般环毛属的蚯蚓所要求的相对湿度为 60%~70%,湿度过高或过低都会影响产卵量和孵化率。蚯蚓的生长和繁殖对养殖床上的土质、温度、湿度都有严格要求,同时养殖土中的含氧量、气体在养殖土中的流动性(透气性),对种蚓繁殖力也都有影响。

一般生长期在 40 天左右,人工养殖可提前成熟。但是人工养殖一定注意及时采收,否则养殖密度太高时,养殖土的有机质和蚓粪混在一起,会因化学变化和微生物的发酵等作用产生二氧化碳、氨气、硫化氢等有害气体,使蚯蚓生存环境恶化,能繁殖成蚓会逃离,影响繁殖率。

(五)环境因子对蚯蚓的影响

1. 酸碱度的影响

人工饲养蚯蚓需要给其制造生存环境——养殖土。在人工饲养过程中发现,蚯蚓喜欢在 pH 6~7.5 的养殖环境中生活。多数蚓种喜欢 pH 7 的养殖土,pH 7.5 以上的养殖土寄居量少,pH 6 以下的养殖土中寄居者为 0。

(1)蚯蚓在能适应的环境内对小气候环境的自调作用 蚯蚓一旦选定了养殖土,便能对这里的小环境产生适应性。例如,在养殖土温度偏低时,蚯蚓便寻找有机质较多的地方,并居于中上层,且气孔半闭,保持体内湿度;当养殖土温度高时,蚯蚓既避光又避温,体表气孔大开,向土层下方潜伏并寻找适宜的温度层,排便时到土表层。蚯蚓这种对冷热变化的调节方式可使养殖土小环境稳定。

这种稳定是暂时的,在气温适宜和稳定的情况下,蚯蚓的繁殖速度迅速,数量几十倍、上百倍增加,使得养殖土内蚯蚓密度加大,二氧化碳等有害气体迅速增多、环境恶化,幼蚓生长缓慢,生产效益降低。

(2)蚯蚓对环境恶化的自调作用 当养殖土中的 pH 因环境恶化下降至 6.5 时,蚯蚓便大量分泌钙液,并在消化道内与食物进行中和,这种生理调节有两个意义:一是蚯蚓维持自身酸碱平衡;二是蚯蚓可缓冲养殖土的酸化。据报道,1 亿条蚯蚓,1 天可制造优质中性肥 2 吨。

(3)蚯蚓对大环境范围的转移性自调作用 当蚯蚓群体数量增长、养殖土继续酸化时,成蚓便成批转移,分为小群迁居他处。由于成蚓的迁离而使养殖土表面逐步封闭,有益微生物得以繁殖,继而发酵升温,杀菌(有害菌)、除污,当养殖土中酸、碱度恢复到中性,还可以往该养殖土继续投放蚓种。

2. 生态因子对蚯蚓生态环境的影响和利用

(1)光与温度的调控 为了使小气候环境各季节都能有最适宜的温度,必须对阳光进行控制和调节利用。其方法有几个方面:

1)全方位采光调控 养蚓场地冬季应加强光照的强度,延长光照的时间,充分利用光能提高地内温度,节约人工加温用的燃料、燃气或电能;夏季气温高的季节,要在养蚓池上空遮阳,防止光直射,降低养蚓池的温度,保证池内温度不超过 25℃。

2)灯光、红外光的利用 在生产地场内温度偏低且无自然光照的情况下,为了保证蚓群生长和繁殖,可以用灯光、红外光产热增温。

(2)温度与气体的影响 蚯蚓是变温动物,其体温随同环境温度的变化而变化。也就是说周围环境温度升高,其体温也升高,周围环境温度降低,蚯蚓的体温也降低。在 8~30℃ 就是上述的变化规律。但是,在人工科学养殖蚯蚓的情况下,则需要把养殖温度控制在20~25℃,这是蚯蚓最适宜的温度,其生长、发育、繁殖都处在最佳状态,生产效率高。

温度与气的关系:

这里所说的温度是养殖土的温度,养殖土内气体越活跃,其气体的成分就越复杂。

在低温状态时,养殖土内的物质变化缓慢,内外气体交换速度可以充分满足其变温反应的消耗,而且所产生的二氧化碳等废气,全部能交换出去,养殖土净化度就高,其中的蚯蚓不会受高温、缺氧及有害气体的危害。如果养殖土内温度随外界环境温度的升高而升高到好氧性细菌繁殖过快时,它们分解养殖土内有机质的速率加快,耗氧量加大,氧含量锐减,再加上它们代谢过程中产生的二氧化碳,造成养殖土二氧化碳浓度更高,最后出现养殖土内严重缺氧,高温和缺氧将威胁着蚯蚓的生存。如果管理人员对养殖土内的温度测量不及时,或测的是表层的温度,会危害其中的蚯蚓。

养殖土内的温度高时,环境小气候温度也高,空气中的水蒸气密度增大,空气中氧的密度降低。这样会有两种不利的情况发生。

第一,高压高热。环境温度和养殖土表层的温度随气温的升高,导致高湿状态中的水分蒸发,空气的水分子和小水珠发生累积性增大,空气压力也随之增大。同时,环境空间和养殖土也在不断吸收、积蓄热量,当积蓄的热量达到一定程度,养殖土温度超过 $30℃$ 时,会对蚯蚓的生存造成威胁。

第二,环境性缺氧。缺氧环境中蚯蚓会出现窒息,表现出蚯蚓大量出土,体表黏液增多,并四处逃窜。时间稍长,也会引起养殖土内发热,有害气体弥散,蚯蚓死亡。

(3)湿度的影响　蚯蚓喜欢潮湿环境,种的不同对湿度要求也不一样,有的要求土壤相对湿度 $40\%\sim50\%$,有的则要求土壤相对湿度 $60\%\sim70\%$ 。但要求土壤湿度相对稳定,特别在卵茧孵化期间要求孵化土湿度更加稳定。适宜的湿度是蚯蚓体液平衡的保证,是直接关系到蚯蚓生存的重要因素。湿度大小也能缓解养殖土的温度,高温情况下养殖水分相对大一些,土层深处温度不会很高,因为水对热的传导相对较慢。

三、蚯蚓的饲料

（一）蚯蚓的基础代谢能

蚯蚓保持体内正常生理代谢所需要的营养物质的基础量是刚好能维持其生长发育的维持量，不同时期有不同的营养标准。例如，生长期与发育期有差异，繁殖期与非繁殖期有差异。

1. 基料蛋白质含量

农村传统养蚓，先把青绿杂草、秸秆掺入杂草中混均匀，堆积成馒头形，用泥土等物料封着，使其不透气或少透气。经过一段时间堆积发酵，"腐熟"后即为基料。基料再掺入壤土，配成养殖土，可投入蚓种。纯植物原料配制发酵制成的基料蛋白质含量低。另外，也有的养蚓户是用植物性原料掺鸡粪、猪粪等畜禽粪混合发酵制成的基料，蛋白质含量高，饲养效果就好。

实验结果证明，保持 100 克鲜活蚯蚓在 30 天内不减体重，需要含蛋白质 3% 的基料 1 000 克。基料蛋白质含量高，消耗就少，养殖土更换次数少；饵料中蛋白质含量低，消耗基料就多，养殖土更换次数就多。

2. 随养殖土营养水平调整其对蚯蚓的容量

当基料所含蛋白质为 3% 时，1 000 克基料可投成蚓 100 克，维持时间为 30 天；当基料中蛋白质含量为 6% 时，1 000 克基料可投成蚓 120～150 克，或投幼蚓 150～180 克，维持时间为 30 天。

如果以上讲的基料营养水平，即基料中蛋白质含量为 3%，基料为 1 000 克，维持时间改为 15 天，投入成蚓 150 克，或幼蚓 180 克；当基料 1 000 克，蛋白质含量为 6% 时，投蚓量还维持以上的量，说明到 15 天时，营养还有剩余。为了不浪费基料中的营养，可以采取这样的方法：即在前 15 天，1 000 克基料投成蚓 150 克或幼蚓 180 克，后 15 天不换基料的情况下可少投蚯蚓 20%，也能保证其营养不缺乏，生长和发育正常。

（二）蚯蚓对饲料原料反应及配制饲料的要求

蚯蚓对基料中营养丰富与否没有反应,但是对基料中酸碱程度有反应。蚯蚓需要的周围环境为中性偏酸,实验证明,它们对中性偏酸的基料没有趋向性也不逃离,遇到碱性基料就逃离,中性基料中不逃离且不停游动,很活跃;对过酸的基料有逃离的表现。所以,要使基料适口性好,必须将其配制成中性偏酸（pH 6.5～7.0）为好,否则影响其适口性。

蚯蚓味觉灵敏,在基料中加入如下的有机质,反应如下:

加入猪粪:对加入猪粪反应平淡,粪团中部基本无蚯蚓钻入。

加入鸡粪:对加入鸡粪反应较大,粪团中部有少量蚯蚓钻入。

加入牛粪:对加入牛粪反应强烈,粪团中部有较多蚯蚓钻入。

加入糖渣:对加入糖渣反应强烈,糖渣团中部有大量蚯蚓钻入。

加入果皮:对果皮反应较大,果皮团中部有较多蚯蚓钻入。

加入潲水:对潲水反应一般,残羹团中部有少量蚯蚓钻入。

加入食用油:对食用油反应一般,油团中部有少量蚯蚓钻入。

加入屠宰厂的废污物:对屠宰厂废污物反应较大,废污物团中部有一定量的蚯蚓钻入。

加入鱼杂废物:对鱼杂废物反应较大,鱼杂废物团中部有一定量的蚯蚓钻入。

加入食用菌培养料:对食用菌培养料反应较大,在食用菌培养料团中部有一定量的蚯蚓。

加入酒糟:对酒糟反应强烈,在酒糟团中部有大量蚯蚓。

经过以上实验可以看到蚯蚓对以上有机物的偏爱程度,以偏爱程度强弱排序如下:酒糟、糖渣、牛粪、果皮、鸡粪、屠宰厂废污物、鱼杂废物、食用菌培养料、潲水、食用油、猪粪。这一测试说明了蚯蚓味觉的特点,在人工养殖取料时,根据当地资源尽可能选择适口性好的物料。

配制适口性好的基料是一个复杂的技术问题,不可能长期单一使用某一种适口性好的物料,必须研究配制具有适口性相对较好、原料就地取材且价格低廉、营养价值高的配方,只有这样,基料才具有长期的使用价值。

基料除了适口性好,还需要气味性好、触觉性好。

1)气味性　蚯蚓对酒糟气味特别敏感,喜食以酒糟为主料加工的基料。这并非蚯蚓的特性,而是酒糟对蚯蚓的适口性使其喜爱酒糟,而后由酒糟的适口性和气味性的驯化效应形成的诱导作用而形成的。蚯蚓对具有酸甜味的果皮也非本能的喜爱,而是气味很佳,直接诱导其食用。在基料中直接诱导是驯化性诱导快速形成习性的前提,是蚯蚓产生生理性反射的引发物。

2)触觉性　蚯蚓是皮肉较软、没有骨骼、也无保护性外骨骼的软体动物,防御能力很弱,容易造成创伤。但是自然选择又使蚯蚓皮肤神经末梢发达,而且蚯蚓皮肤的神经末梢极为敏感,感知性能好,能感知周围物料的性状。这就要求基料配制时原料的膨松、柔软,便于蚯蚓钻入、钻出时没有阻碍,不伤及皮肤。同时,基料原料在配制前一定要过筛,不能有刺状物,否则也会伤及蚯蚓。

(三)蚯蚓饲料配制

1.饲料的营养标准

因蚯蚓的饲料或基料中很多成分都是废弃物,没有人花很大代价去测得其营养标准,因此配制出的饲料或基料营养标准就无法准确计算了。有资料显示,他们是首先测出干蚯蚓的营养成分,看基料中营养物质的含量,在配饲料或基料时尽可能满足蚯蚓身体需要,保证其生长发育良好,但不可能达到精准。干蚯蚓体内营养如下:粗蛋白质 $61\%\sim66.5\%$ 、粗脂肪 $7.9\%\sim12.8\%$ 、碳水化合物 $8.2\%\sim14.2\%$ 、钙 0.4% 、磷 0.6% 、赖氨酸 2.01% 、组氨酸 0.96% 、缬氨酸 2.15% 、亮氨酸 3.57% 、精氨酸 2.96% 、苯丙氨酸 1.69% 。另外,还有铁、锰、锌、碘、铜、钴等多种矿物质元素。饲料中各材料含量如下:

(1)幼蚓、种蚓　粗蛋白质 $15\%\sim16\%$ 、复合矿物质添加剂 $0.08\%\sim0.1\%$ 、复合氨基酸 $0.15\%\sim0.25\%$ 、复合维生素 $0.25\%\sim0.3\%$ 。

(2)中蚓　粗蛋白质 $13\%\sim14\%$ 、复合矿物质添加剂 $0.06\%\sim0.07\%$ 、复合氨基酸 0.1% 、复合维生素 0.2% 。

(3)成蚓　粗蛋白质 12% 、复合矿物质添加剂 0.05% 、复合微量元素 0.1%。

2. 饲料的配制

蚯蚓的营养基料是由废弃的有机物发酵而成的,例如青绿杂草、易发酵的秸秆、畜禽粪便、潲水沉渣等堆积发酵而成,这是饲喂蚯蚓的主料。而饲料是基料的营养补充,占基料的比例很小,为了催长、催肥而增加的营养更高的预混料,其主要原料有植物性饲料、动物性饲料、矿物质和维生素饲料等。

(1)饲料原料 饲料原料包括植物性饲料、动物性饲料、矿物质饲料、维生素饲料等。

1)植物性饲料 又包括谷物类、豆类、饼粕类、麦麸类。

a. 谷物类。被称为能量饲料。粗蛋白质含量不到 20%、粗纤维含量低于 18%、无氮浸出物含量 60% 以上,如大米、小米、玉米、高粱、麦麸、细米糠等。主要的特点是高能量、低蛋白、低氨基酸、低维生素、低矿物质。

b. 豆类。豆科植物的籽实,营养价值最高,其中大豆营养最好。大豆的消化能 16.9 兆焦/千克、粗蛋白质 37%、粗脂肪 16.2%、粗纤维 5.1%、钙 0.27%、磷 0.48%、赖氨酸 2.19%、蛋氨酸＋胱氨酸 0.91%。其次是黑豆,消化能 16.99 兆焦/千克、粗蛋白质 31.13%、粗脂肪 12.95%、粗纤维 5.7%、钙 0.19%、磷 0.57%、赖氨酸 1.93%、蛋氨酸＋胱氨酸 0.81%。

c. 饼粕类。被称为植物性蛋白原料,包括豆饼(粕)、花生饼、芝麻饼、棉籽饼、菜籽饼、葵花籽饼等。以豆饼(粕)营养价值最高,且必需氨基酸含量齐全。豆饼(粕)的消化能 13.1～15.22 兆焦/千克、蛋白质 41.6%～45.6%、粗脂肪 5.4%～5.91%、粗纤维 5.4%～5.7%、钙 0.26%～0.33%、磷 0.5%～0.57%、赖氨酸 0.5%～0.57%、蛋氨酸＋胱氨酸 0.77%～1.16%。

d. 麦麸类。为谷物加工的副产品,包括稻糠、米糠、麦麸等。米糠是水稻去壳后制成细米时分离出的副产品。米糠的消化能 11.34 兆焦/千克、蛋白质 41.6%、粗脂肪 15.5%、粗纤维 9.2%、钙 0.14%、磷 1.04%、赖氨酸 0.66%、蛋氨酸 0.43%。小麦麸的消化能 10.7 兆焦/千克、粗蛋白质 14％、粗脂肪 3.7％、粗纤维 9.2％、钙 0.14％、磷 0.54％、赖氨酸 0.6％、蛋氨酸＋胱氨酸 0.56％。

2)动物性饲料　主要是鱼类、肉类、乳品加工类的副产品,另外还有饲用动物加工而成的。这类饲料蛋白质含量高,干物质或成品中蛋白质含量高达 50％～80％,且所含必需氨基酸齐全、含量高,氨基酸平衡,是提供赖氨酸、含硫氨基酸和色氨酸的来源。钙、磷含量比例适当,富含多种维生素和微量元素,例如维生素 A、维生素 D、维生素 E 及部分 B 族维生素。主要产品有鱼粉、肉粉、肉骨粉、血粉、奶粉、水解羽毛粉、蚕蛹粉、蝇粉、蝇蛆粉等。

以鱼粉品质最佳,蛋白质含量高、氨基酸全价,具有动物性饲料特点。鱼粉中赖氨酸、蛋氨酸含量高而精氨酸含量偏低,正与大多数蛋白质饲料互补。进口鱼粉的消化能 19.27 兆焦/千克、粗蛋白质 60.5％、钙 3.91％、磷 2.9％、赖氨酸 4.35％、蛋氨酸＋胱氨酸 2.21％。脱脂奶粉的消化能 17.97 兆焦/千克、粗蛋白质 30.9、钙 1.5％、磷 0.94％、赖氨酸 2.6％、蛋氨酸＋胱氨酸 1.4％。

3)矿物质饲料　包含常量元素和微量元素。常用常量元素有钙、磷、钠、钾、镁、氯和硫;微量元素包括铁、铜、钴、锰、锌、碘、硒。这些元素是激素和维生素的组成成分。

蚯蚓生活在土壤中,吞食带泥土的有机质,一般不会缺乏矿物质。但是人工饲养配制饲料时,必须在饲料中添加一些矿物质,满足其要求。

4)维生素饲料　维生素是蚯蚓生长发育和繁殖不可缺少的物质,但用量很小。常根据其生理代谢的需要配成复合性添加剂,添加于饲料中。

(2)饲料配方　饲料配制前要制定饲料配方,饲料配方应根据幼蚓和种蚓、中蚓、成蚓等各生理时期的营养需要和各生理时期的营养标准,就地取材研制一些饲料配方,按饲料配方配出饲料。配出的饲料必须是微酸,pH 在 6.5～7.0,适口性强。一次性不能配量太大,防止放置后变质腐臭。一般 3 天以内用完。参考配方如下:

1)幼蚓和种蚓饲料配方

配方 1:豆饼 5％、豆腐渣 40％、棉籽饼 10％、大豆粉 10％、小麦次粉 15％、麦麸 20％、肉骨粉 5％,另加复合氨基酸 0.2％、复合矿物质添加剂 0.08％、复合维生素 0.3％、米酒曲 0.4％或益生菌 0.3％。

配方 2:发酵后的鸡粪 30％、残羹沉渣 25％、鱼粉 2％、小麦次粉 8％、菜籽饼 10％、豆渣 25％,另加复合氨基酸 0.1％、复合矿物质添加剂 0.1％、复合维生素 0.3％、益生菌 0.3％。

这两个配方蛋白质含量达到 15％～16％,饲喂效果均好。配方 1 比配方 2 成本低,可根据当地资源选择原料,选择配方。

制作方法:①按饲料配方配好原料后搅拌均匀,过 16 目的筛,然后拌入益生菌。②按饲料重量加入 40％左右的水进行搅拌,拌均匀后的湿度状态达到:用手抓饲料并手握成团,伸开手指饲料团在手掌中不散,摇动放料团的手,料团表层有料散落下来,即为湿度适宜。③置于温度为 20～26℃的条件下发酵。2～3 天后在内层取饲料,闻着发酵饲料酒香气味较浓时,即为发酵成功。

2)中蚓饲料配方　中蚓为 1～2 月龄的蚯蚓,也可以称青年蚓。

配方 1:棉籽饼 10％、菜籽饼 10％、发酵鸡粪 40％、小麦全粉 20％、肉骨粉 2％、酒糟 8％、米糠 10％,另加复合氨基酸 0.15％、复合矿物质添加剂 0.05％、复合维生素 0.2％,有条件的加糖渣 15％,没糖渣的加蔗糖 0.5％。

配方 2:加工肠衣的废料肠黏膜 20％、米糠 20％、潲水沉渣 15％、玉米面 5％、酒糟 30％、芝麻饼 10％,另加复合氨基酸 0.2％、复合矿物质添加剂 0.08％、复合维生素 0.2％、益生菌 0.4％。

注:配方 2 的加工方法同幼蚓饲料;配方 1 的加工方法为封闭发酵。

3)成蚓饲料配方　成蚓饲养可粗放一些,有条件的可将饼粕末、蚕沙、黄粉虫粪、果皮等消毒后直接投喂。只是投喂量要每次少一些,每天投喂的次数增加。

配方 1:发酵鸡粪 50％、菜籽饼 5％、玉米面 10％、酒糟 20％、大豆粉 5％、鱼粉 3％,另加复合氨基酸 0.15％、复合矿物质添加剂 0.18％、复合维生素 0.2％、益生菌 0.3％。

配方2：酒糟50％、棉籽饼10％、大豆粉5％、小麦次粉10％、蚕蛹粉3％、潲水沉渣5％、玉米粉10％、肉骨粉7％，另加复合矿物质添加剂0.1％、复合维生素0.1％、益生菌0.25％。

配方3：发酵鸽粪50％、糖渣30％、水果皮30％、棉籽饼10％，另加复合氨基酸0.15％、复合矿物质添加剂0.18％、复合维生素0.1％。

配方4：鱼下杂20％、残羹沉渣2％、米糠8％、豆腐渣60％，另加复合氨基酸0.18％、复合矿物质添加剂0.18％、复合维生素0.08％、玉米面9％。

配方5：潲水沉渣60％、菜籽饼10％、鱼粉5％、豆腐渣20％、蔗糖1％、小麦次粉4％，另加复合氨基酸0.2％、复合矿物质添加剂0.18％、复合维生素0.08％。

配方6：潲水沉渣30％、发酵鸡粪40％、豆饼10％、棉籽饼10％、小麦次粉10％，另加复合氨基酸0.2％、复合矿物质添加剂0.18％、复合维生素0.2％、少量鱼腥废水。

（3）注意事项

1）原料选用注意事项　发霉、变质的原料不能选用。农药污染较严重的原料不能选用。环境消毒时被污染的原料不能选用。经酸化处理过的原料不能直接使用。碱性强的原料不得直接使用，待重新调配后达到蚯蚓能适应的弱酸性时，才能直接使用。

2）饲料配制注意事项　①配方中的剂量均为干物质，配制时，对含水原料应准确地测出折干率后，取干物质量。②易发酵且发酵温度较大的原料，应事先发酵处理。③配方中的另加添加剂和另加糖类、香味剂、腥味剂等作为诱食剂的物质不能在发酵时添加，否则会影响效果。

3）饲料陈腐注意事项　饲料的陈腐是为了进一步促使各种营养成分分布均匀，以达到松软适口的目的。①防止饲料猛然膨胀而外溢浪费。最好是在陈腐饲料中插一些通气竹管，尽快排出产生的气体。②在饲料中加入适量防腐剂。③防止苍蝇大量集中沾污饲料。应注意经常灭蝇、消毒，保持空气新鲜。④一次配的饲料不宜过多或酸性过大,饲料的某一部位若有霉变应及时清除。为防止饲料霉变和增加饲料生物活性,应在陈腐以后的饲料中加入浓度为 500 毫升/米^3 的 801 生物活性剂,提高综合效益 20%。

四、蚯蚓的饲养管理

蚯蚓的饲养管理分集约化立体养殖的饲养管理和庭院简易养殖池养殖的饲养管理。

(一)集约化立体养殖的饲养管理

1. 养殖床的铺设

养殖床或养殖池是蚯蚓生活的小环境(图 1-12)。小至缸、盆、桶,大到 100～200 米^2 大的池。养殖土是养殖容器内的填充物,是养殖床的主体物,是壤土与基料的混合物。粗养的条件下,蚯蚓投入养殖土以后再喂饲料,集约化、规模化养蚓追肥时才投入饲料。饲料营养水平高、营养物质丰富、营养全面。

图 1-12 蚯蚓养殖床

(1)孵化培育池的铺设 铺设以前先对全池进行脱酸处理,方法是用 pH 5 盐酸或醋酸溶液喷洒全池内壁。4 小时内冲洗池内壁一次脱酸,待池壁风干后有吸水力,再在内壁上喷一层 801 生物活性剂,以防霉杀菌。然后按顺序铺养殖床。

树立换气筒:将硬塑料管制成换气筒树立在百叶状风道盖上,根据季节不同,树筒多少也有差异,春季到秋季,每平方米树立 1 个换气筒,冬季不用。

铺设垫层:将玉米秆、高粱秆、大豆秸、花生秸、油菜秸等比较具有韧性的植物茎秆铺入池底,要求厚度 3～5 厘米,铺毕喷上一层 10%的石灰乳进行消毒。

铺设中间层:首先在垫层以上铺一层废报纸。然后将基料运出发酵池,按 0.5%的比例拌入长效增氧剂后,铺入池内垫层之上,铺设厚度 50 厘米。铺设时换气筒不能撒入基料,并且注意换气筒的垂直和稳定。基料抹平后,按 0.5 米^{2}放置 1 个中下层饲喂管。饲喂管的形状为锥形空管,大头直径为 20 厘米,小头直径 5 厘米,是喂饲时的加料口,饲喂管总高度 40～50 厘米,埋入养殖土内的管壁上钻一些直径为 0.8 厘米的孔,便于蚯蚓进出。饲喂管埋入的深度为中层 20 厘深,下层埋入 40 厘米深。饲喂管可以让塑料厂用 PVC 制成,也可以用玻璃钢的材料制成。

铺设面层:将基料运到池边,拌入 500 毫升/米^{3}的生物活性剂。将拌匀活性剂的基料倒入养殖土表层,深度 15～20 厘米。铺这层基料时也必须注意不要把基料撒入换气管和饲喂管。最后再向全池表面喷洒一层 500 毫升/米^{3}的生物活性剂,以防有害菌污染养殖表面。

(2)产卵池的铺设 产卵池由于相对较浅,铺设也比较简单。关键在于养殖需要有充足的氧气,以保证卵茧不会腐烂,造成孵化率低的后果。同时种蚓粪便的净化处理也是不可忽视的,仍需使用长效增氧剂,既有增氧能力,又具消除硫化氢的作用。

顶层的铺设:顶层直接受到风吹日晒,养殖土湿度稳定性差。水分蒸发快,往往使底部水分供不应求。所以顶层应特殊处理。

首先是将顶层活动门的板挡严实,按上述要求配制生物活性剂在顶层表面喷一层,在其上再铺上一层厚度为 2 厘米的废旧泡沫,然后在泡沫上再喷一层生物活性剂水溶液,最后将拌入生物活性制剂的基料按其自然状装满全池。

中部层的铺设：中部层的铺设方法除了不需要铺设保水层以外，其他全部按顶层铺设处理。

2. 养蚓池的生态控制

养蚓池的生态控制是根据一年四季环境因素的变化而采取的有效措施，可保证生态系统稳定。

(1)蚓苗的投放密度 一般清流泥作养殖土，每平方米投放量为500~1 000条；土肥养殖法投放量为每平方米100 000条；无土养殖法投放量为每平方米 8 万~12 万条。如果全部饲幼蚓，一般投放量达到每平方米 20 万~30 万条，全部饲中蚓一般投放量达到每平方米 10 万~20 万条。另外，蚓苗的投放量还要根据四季的变化和人造小环境的变化而不同。养殖土内生态环境变化，可以影响以下三种关系：

1)缓冲平衡的关系 如果说气候温度使环境温度达到能使养殖土内部产生某种热反应，而且这种热反应使养殖土内部正好达到最适宜的养殖温度时，这一养殖温度又被气候温度所遏制而不再继续升高，这种现象称其为渗透性缓冲。渗透性缓冲能使最佳养殖温度相对稳定。这种现象是养蚓者所希望的，但是这一平衡关系只有在气温较低的季节才能出现，如晚春和秋季。在这种情况下，投苗量可适当高一些。

2)加深恶化的关系 如果环境温度使养殖土温度不断上升，同时环境温度还直接影响着养殖土表层的温度，这种状态就已经丧失了缓冲作用，是极为危险的。管理者必须从养殖土本身的质量找原因。如当初基料发酵不彻底，一部分基料还有未发酵的，铺入池内后又产生了二次发酵。这时必须把养殖土层调薄，使养殖土层内产热量降低，或增大散热量，使之产生低温缓冲层。这时投入的蚓苗量要适当少一些。

3)缓冲有过的关系 如果天气较冷，养殖土内的温度不足以抗拒寒冷，即环境温度对养殖土内部温度不足以起到缓冲作用，投苗量可猛增到投苗适宜范围的 1 倍以上。

投蚓苗量适宜与否，与科学管理水平有关。温度是其中极容易发生变化的因素。投苗密度必须与气候、养殖土内部生态保持平衡关系，不要过密，也不要过稀。

（2）养蚓池中的温度控制　养殖土中温度高低，直接影响蚓群生长、发育和繁殖。管理好的生产场可终年使养殖土保持在 20～25℃ 的最适宜的状态。可以使池内的蚯蚓四季都处于生长发育和繁殖状态（仅限于暖温带以南）。

1）春季的温度控制　当外界气温上升到 10℃ 时，可将冬季为蚓池所罩的无滴塑料膜稍微松开一些，便于内外交换气体。进行这一过程时，要随时测定池内养殖土的温度。如果繁殖池内土温和孵化池内土温降到 18℃ 左右，催肥池内土温降至 8℃，需要采取补救措施，方法有以下几种：

生鸡粪加温：人钻进塑料棚内，迅速将池中养殖土挖一直径 30 厘米的洞，深约养殖土厚度的 2/3，每平方米池面挖 1 个。紧接着将消过毒的生鸡粪填入洞内，填平为止。填平后压实，再盖一薄层养殖土。第二天鸡粪开始发酵产热，养殖土开始增温。此方法简便有效，且在 10～15 天不需往蚓池中投入任何饲料。在增温处理以后，靠近鸡粪周围的养殖土土温升至 30℃ 以上，而其他远离鸡粪的养殖土土温在 30℃ 以下，则认为是正常现象，因蚯蚓嫌热了就到温度偏低的地方去乘凉。如果鸡粪周围的养殖土温度高达 60～70℃，则说明鸡粪加量过大，可以清出去一部分；如果鸡粪周围养殖土温度升不起来，则说明要么公鸡粪不纯，要么含益生菌量少，应再加入一些益生菌，混合后继续覆盖发酵。

黄粉虫粪粒加热：在养殖土上挖圆坑，将黄粉虫粪埋入更深的养殖土层，填入量比鸡粪少 1/3～2/3。由于黄粉虫粪具有较高的发热量，可以使发酵温度达到 80℃ 以上，所以应比鸡粪少埋一些。使用黄粉虫粪增温时，应在蚓池面上布点多、密度大，但粪量小，可以每平方米布 8～9 个粪团，每个粪团 1～1.2 千克为宜。黄粉虫粪含有丰富的蛋白质，也是很好的蚯蚓饵料。

红外线加热器加温：红外线加热器，养殖稚鳖、地鳖、蚯蚓等加温的恒温器。小巧轻便,耗电量小,不必连续开启。安装方法:将红外线加热器按每平方米池面埋入1个,埋在养殖土底部一些,引出电线插头,接通电源即可工作。功率可在25～100瓦选择。开1小时后试1次温度,如果养殖土内温度的传递范围可达蚓池总容积50%,且无30℃以上的高温区,即可初步认为正常。再过1～2小时,如果温度有较大的扩散,但不出现高温现象,则认为是安全的。再经过2～3小时,如果养殖土内温度扩散幅度不再明显增大,且又无高温现象产生,则认为安全,可以进行正常运行了;如果认为还有将热量继续扩散到蚓池边的必要,则应加大功率。

如果蚓池外围保温条件好,可做到每2小时开启1次红外加热器,既节省用电量,又保证养殖土温正常。当气温13～15℃时,开启红外加热器的间隔时间长一些,当气温升到18℃,也可以不开加热器。

2)夏季的温度控制 初夏中原地区气温已在25℃左右,且相对稳定。蚓池的保温设施应全部拆除。并将蚓池所有的通风道和百叶窗全部打开,并清理换气筒,保证池内气体通畅。

自然天棚:即为植物的枝叶形成的绿色遮阳层。例如葡萄架下、庭院大树下。特别是藤本植物葡萄,其架可以调整为有利于蚓池遮阳。调整原则为:早见全光,午见花光,午后不见光,即无日光照射。意思是:早晨太阳刚出时,光线弱,全照在蚓池上也无大碍;中午阳光强,全部照射在蚓池上会升高养殖土内的温度,会改变土内生态状况,有树的枝叶遮一部分光,可以消除一部分热,不使池内温度升高,保持养殖土内温、湿度稳定;下午太阳光很强,大地积温达到一天内的最高峰,炎热难当,蚓池绝不能全池暴露在阳光中,否则养殖土温会急剧升高,蚯蚓在其中无法生存。

遮阳网:有些地方无树遮阳,可以购买遮阳网,架在养蚓池上,遮一部分阳光,可降低池内的温度,保证蚯蚓安全过夏。

种瓜类以藤叶遮阳:在蚓池旁边竖桩,在池的顶上搭架,架旁边种上丝瓜、葫芦、苦瓜等。瓜藤长出后顺着立桩上行,或用铁丝等牵引上架。当瓜藤爬满遮阳架时,遮阳效果非常好。

遮阳棚:像搭建瓜藤架一样在养蚓池周围竖桩搭成骨架,在骨架上覆盖草或篷布制造遮阳棚。遮阳棚四面通风,具有遮阳、挡雨、挡雪的效果。

3)秋季的温度控制　立秋后1周左右晚间气温明显降低,立秋后2~3个月是全年最佳繁殖期和成蚓肥育期。但是到10月以后,气温日渐低落,昼夜温差较大,晴雨温差也较大,故需要采取一些措施平衡温度。

换新基料:新基料具有发酵提温的作用。换基料的方法是:将蚓池底层废物清理出去,将中上层料铺在下面,上层换上新基料。必要时将生鸡粪消毒后撒在中下层一些,使之发酵产生热量,增加养殖土的温度。这种方法应在气温20℃左右时开始进行。补换新基料的蚓池在很长一段时间内都能保持20℃左右的适宜温度。对蚯蚓的生长、发育和繁殖有很大的促进作用。

罩膜保温:罩膜保温是在每年的中秋之后至第二年四月中旬所采用的保温措施,能保持蚓池内温度稳定,且比池外温度能高3~5℃,可将秋季产卵期延长1~2个月,是事半功倍的措施。所用塑料膜应是具有远红外线辐射能力的无滴塑料膜。一般江南地区罩1层,淮河以北罩2层,两层间距离20厘米为好。

电灯增温:在比较寒冷的地区,蚓池用双层塑料膜制造池罩保温,再在罩内装2只100瓦的灯泡,灯泡离养殖土面尽量近一些。虽然灯光的热量有限,但双膜罩保温性能罩下积温很快就能达到蚯蚓生存适宜的温度。

4)冬季的温度控制　冬季寒冷对蚯蚓的生长、发育和繁殖的影响很大,一般的养蚓者都让其冬眠了。也有的场里采用了冬季加温生产的方法。其方法是在秋季双膜保温的基础上,再用远红外线加热器加温。远红外线加热器安装方法与前面讲的相同。

(3)养蚓池内的湿度控制　养殖土的湿度对蚯蚓的生存、生长、发育和繁殖有重要作用。养殖湿度计算如下:

$$H = \frac{基料重量 - 基料干物质的量}{基料重量} \times 100\%$$

注:H是湿度,以百分比表示。

在温度适宜、通风良好的生态条件下,养殖土的相对湿度(含水量)应在 60%～70%。气温较高时,养殖土通风良好的条件下,湿度可偏高一些,养殖土含水量可在 65%～70%;气温较低时,养殖土通风良好的条件下,养殖土相对湿度可在 60% 左右,否则不利于保湿。透气性不良时,湿度保持中等偏高,否则可发生无氧发酵而产生高热,蒸发掉水分。经验证明,此时养殖土的含水量应在 65% 左右。这一湿度对含水量的调节有较宽的缓冲性。当养殖土含水量降到 55%,蚯蚓皮肤内外液失去平衡,表现为蚓群在养殖土下层钻,居于一处;当养殖土内水分降到 40% 时,即蚓体出现脱水现象,蚓体萎缩,不再吞食,呈半休眠状态。如果此时再继续脱水,蚓群便出现逐步死亡。当养殖土相对湿度高于 70%,土中透气性仍然良好时,是没有不良反应的;如果养殖土透气性不良或是相对湿度超过 80%,则会很快出现不良反应,表现为蚓群倾"巢"而出,暴露于池面,企图逃离。

赤子爱胜蚓的卵茧较大,而且绝大多数产于养殖土表层以下 1～3 厘米处,该处由于时常处于新基料自然松软状态,透气性极好,故最易被风吹干,这对卵茧孵化极其不利,需特别重视此处水分管理。卵茧表皮由于呈胶质状不易吸水,易被风干,所以产在养殖土内的卵茧孵化时,含水量应控制在 70% 左右。

以上讲述了养殖土湿度控制的基本原则,再把控制方法介绍如下:

1)含水量监测　含水量监测,该项工作监测范围包括季节性养殖土湿度、养殖土层次性湿度、时间性养殖土湿度、蚓种类养殖土湿度、蚓龄性养殖土湿度及孵化土湿度的监测。养殖土湿度测试方法是:每平方米水平方向取样 4 处,每一处按上、中、下 3 层,每层取样,然后做出水平湿度状况和垂直湿度状况检测。检测操作程序是:对每处每层每点取的样单独先称湿土重量,记下来,然后用热锅使湿土水分经焙烤蒸发掉,再称重干土,记下干土重量。

$$湿土含水量 = \frac{湿土重量 - 干土重量}{湿土重量}$$

有经验的养殖土含水检测员,不用上述检测方法,凭经验就能较准确地测出养殖土含水量。方法是用手抓一大把养殖土,紧握成团,如果指缝里仅见水痕,但无水向下滴,且土团落地即散,其含水量为50%左右;如果指缝里见积水但不下滴,且土团落地后散为小块,其含水量约为60%;若指缝里有少量水滴滴落,土团落地不散,其含水量能达70%;若手握土团指缝有水,且水呈线状往下流,土团落地呈糊状,其含水量能达80%以上。

2)养殖土过湿的处理　若养殖土含水量过大,应马上进行排水处理。处理方法根据具体情况酌情处理。

滤水层阻塞的处理方法:滤水层阻塞是经常见到的,务必经常检查,发现阻塞及时进行清除。清除时先将挡板向上提几次,并消除底部淤泥。同时也需抽出换气筒,进行清洗,使空气畅通,增大养殖土中水分蒸发,减少养殖土中水分。

废料沉积过厚的处理方法:养殖土中的有机质每天都在被消耗,蚯蚓粪每天都在增加,使得养殖土中纯土比例加大、蚓粪在增多,这些东西致密,逐渐沉积在蚓池下层,造成底层渗水性差,出现水分饱和。阻塞原有的滤水性、透气性的缝。基料的加入及周期性更换有一定时间性,而且四季有别。加料、换料过勤,造成浪费,且易破坏养殖土渗水性和透气性,使养殖土内生态环境恶化;加料或换料时间延长,养殖土渗水性和透气不畅,也使养殖土内生态环境变差。

合理地换料或加料应把握的原则

加料的原则与规律:以第一次装养殖土的深度为基线,在池内壁上画一水平线,例如第一次装料厚度为60厘米,若每过15天养殖土下沉10厘米,为保证养殖土的厚度,需在其上再加10厘米厚的基料。下沉这10厘米有3厘米厚的基料变为废料沉积。实际上是13厘米厚的基料已变为3厘米厚的底料沉积物。即每半个月有3厘米厚的沉积物从底层向上堆积。

根据生产实践证明,夏季养殖池中废料沉积物 4 个月可以清理 1 次;冬季 6 个月清理 1 次即可。

换料的原则除了滤水以外,还有随气温变化参与养殖土保温、保湿作用。气温高时,养殖土内各种反应加快,其中的生存环境恶化,换料应及时一些,也就是 3 个月左右废料沉积物不到 12 厘米就进行清底换料,这样养殖土渗水、通气正常,不影响其中所养蚯蚓的生长发育;气温低时,养殖土中各种反应缓慢,耗氧量低,蚯蚓生存环境不易恶化,加之这时气候干燥养殖土表层易干,需要保湿,池底沉积物 20 厘米后再清理也不影响养殖土内生态环境。天凉后,即中秋节前后,可将沉积物全部清除,等到初冬时,池底沉积物已达到 12 厘米厚了,以后逐渐加厚的过程均处于逐渐寒冷过程,愈寒冷愈厚,可保温保湿。等到第二年气温转暖时,厚度已达到 20 厘左右,这时对废料沉积物可进行清除。

饲料水分过大的处理:饲料含水量应适中,原则上与基料的含水量相同,以水不自然下滴为好。试验的方法是:将饲料倒在一堆基料上,半小时以后观察,饲料可下沉,但以无清水渗出、下滴为适宜。

3)养殖土过干的处理 养殖土干湿度适宜,其中的透气性好,所以养殖湿度调整也是十分重要的。

定期喷水:根据测得养殖土的含水量,如果湿度变小了,可以进行定量、定期喷水,让养殖土恢复到适宜的湿度。

借饲料补水:在养殖土含水量低的时候,在饲料中兑入一定量米汤或清水,进行泼洒性饲喂,借以补充水分。

(4)养蚓的气流控制

1)整体环境气流控制 这里所讲的是,四季季风对蚯蚓养殖区小气候的影响。这一问题从宏观上讲,风由气而生,气因风而变。风直接影响温度的变化,温度则可影响气流的急、缓、疏畅。风和温度的控制基础,又必须借助绿色屏障的作用。人工气流控制原则应是:北风挡、南风畅、东风过、西风晃。只要以上述原则控制气流,整个环境小气候既能随季节而变,又能平稳过渡,生产工作良性运行。具体控制方法为:结合光、温、气、湿的综合要求,对植被和遮阳工作综合调整,保证小环境气候稳定。

2)养殖土中的气流控制 养殖土的气流控制,使整体环境通风或避风良好。具体措施如下:

清扫换气筒:换气筒时间长了会被阻塞,必须定期清扫。清扫时转动换气筒,以使换气筒周围的粘连沉积物松动落下,促其通气。同时也可使洞壁牢固,不至于抽换气筒时养殖土坍落。被抽出的换气筒冲洗后放入浓石灰水中泡10分使之碱化。这样处理过的换气筒不易吸附絮状沉淀物。换气筒的清洗要定期进行,一般应是:夏季勤、春秋缓、冬季停,冬季必要时用手拍一拍使其震动即可。

调节百叶窗:夏季全开,春秋调为半开,冬季全封闭。

控制地下通风道:地下通风道是控制养殖土气流的关键。完全可起到夏季致凉、冬季保暖的作用。由于地道温度比较恒定,冬、夏的温度都能保持在动物能适应的范围。夏季地道内相对阴湿、凉爽;冬季地道内温度高于地上。因此在控制上,夏季可恒其凉通入蚓池;冬季可封其温而暖池。不论是通风道还是排水暗沟均可以利用,且地下部分越深、越长,应用效果越好。但是控制不宜太放开,特别是夏季,不能热气流涌入过多,否则地下低温的稳定性将会破坏。这要求对排水口的大小有所控制。另外,地下通风道的清淤工作也不可忽视,最好每年清理一次。

(5)蚯蚓的饲喂 这里讲述的蚯蚓饲喂,主要是集约化养蚓的方法。因为庭院传统的养蚓是不投饵料的,但是规模化、集约化养蚓追求快速、高效,这就存在科学饲养的问题。

1)幼蚓的饲喂 由于幼蚓常与卵茧孵化同池,且卵茧不宜翻动,不能污染,更不能被他物封闭使之断氧,所以幼蚓的饲喂必须遵循一定原则,不得多喂,不得撒泼,不得使用过稀的饲料。由于幼蚓的生存深度随着日龄增加愈来愈深,故其扩散性分布,又使饲料量加大,将给上层卵茧所处环境造成污染、断氧等一系列的不适应矛盾。根据上述情况，说明幼蚓饲喂方法有其特殊性，归纳起来有3个方法：

第一，漏斗饲喂器的饲喂法。漏斗饲喂器的制作及要求：幼蚓漏斗饲喂器不同于中蚓和成蚓的饲喂器，它的深度小，其形状为一高15厘米、底径10厘米的圆锥形。壁上布满密集的孔洞，小孔洞如绿豆粒大小即可。要求越向漏斗尖部小孔洞越小，最上面有小米粒大小即可。还要求一个饲料漏斗配一个盖，可以防其他害虫落入。

漏斗饲喂器的放置：可按每平方米10个均匀分布。若是漏斗饲喂器用于幼蚓培育池，放置不考虑中下层饲喂管的分布；若用于较浅的产卵池，可适当减少数量。放置方法：先在基料表面的定点处挖一10厘米深的坑，将饲喂器尖端放入坑中，并用基料将饲料漏斗四周填满，然后稍压漏斗饲喂器沿，使口沿高出基料2厘米即可。

投饵饲喂：①测试饲料稀或稠。将饲料加水进行搅拌，取一饲料漏斗浸入水中湿润，并将饲料倒入饲料漏斗中进行观察。如果每个孔洞中均有饲料挤出，并不断下滑或下滴，若每分下滴数量在3～5滴，则认为饲料稠度适中，否则可能会造成养殖土底部污染或饲料浪费。②投饵观察。将饲喂漏斗灌满饲料，并加盖观察，若1小时后饲料表层平面下降1厘米，即视为合格。

喷水清斗：饲料下沉完毕，可对饲料漏斗及时清洗，以免挂在漏斗壁上的饲料变质造成污染。清洗方法是用清水喷洒饲喂漏斗内壁，以冲刷干净为止，但喷水时间不宜过长，最好是10～20秒即可。

第二，草垫饲喂法。①草垫编制：用稻草或其他材料编成一长60厘米、宽30厘米、厚2厘米的长方形草垫。要求不必编织太紧，以松软、耐用为佳。然后用3%的生石灰水浸泡草垫12小时，使其消毒软化。②草垫的放置：按每平方米池面放置4块草垫为宜，并往草垫上喷一些蔗糖水作训化性诱食剂。③投饵饲喂：将饲料调节适中后，用饭勺舀到草垫子上，使饲料分布1/2的面上，舀入量以不溢出草垫边为准。然后，将草垫无饲料一面向上折叠在有饲料的面上，将饲料盖严。④喷水清垫：当饲料向下渗透被蚯蚓吞食完毕后，以清水喷洒清洗干净，并喷一薄层病虫净，可以防苍蝇、防霉变。草垫不要收走,放置在原处有利于保持垫下饲料的湿度,也有利于白天蚯蚓到养殖土表层取食。种蚓也可以按幼蚓的饲养方法饲喂。

第三,塑料膜饲喂法。此饲喂法与草垫饲喂法基本相同,但不需用碱处理、不需要折叠盖严饲料,只需用与塑料膜同样大小的黑色塑料膜遮住光亮即可。其他操作和卫生要求与草垫饲喂法相同。

2)中蚓的饲喂 中蚓饲养面积比幼蚓大得多,也不担心对卵茧的不良影响,故饲喂方法粗放一些。主要有 2 种饲喂法,即:①撒料饲喂法:将调节好的饲料遍撒于养殖土表层,厚度可根据中蚓密度大小撒 3～5 厘米厚。饲料铺撒完毕后其上再铺一层基料。如果所采取的是自然温度养殖,则需注意温度适宜时期多投,高温时期投半量,低温时期少投。即气温在 18～26℃时应全面遍撒、多撒;26℃ 以上时,可将蚓池表面划分为两半,采取每次只撒 1 次,交替性投饵,以保证全面透气性;18℃ 以下时,因蚯蚓食量大减,同时为避免投饲时加大养殖湿度而降温,故宜少投、薄撒、深埋。②点埋饲喂法:这种方法适合小面积养蚓使用。小面积养蚓池一般在 10 米² 以内,可采取点埋饲喂法,实际上这与漏斗饲喂法是一致的。此方法不用担心卵茧受损。其方法是:在添加新基料之前用铁勺将饲料舀出,均匀地撒在养殖土的固定点上,每平方米 9 个点,每个点用0.5～1 千克,饲料撒布后,接着用新基料进行掩盖即成。

3)成蚓的饲喂 成蚓饲喂比中蚓还要粗放,即沟槽埋饵法、撒饵罩膜法、周期性分区投饵法。①沟槽埋饵法:当成蚓池需添就新基料时,将池中养殖土掏成一道道沟槽,沟槽间距 30 厘米,深度约 15 厘米,同时向沟槽里填满饲料,并在其上用新基料掩盖即可。②撒饵罩膜法:该方法是将蚓池一分为二,将其中 1/2 泼散饲料,并随即用塑料膜罩住;另 1/2 添加新基料。这样可透过塑料膜观察到饲料消耗情况。等下一次该添基料时,原来撒泼饲料的1/2池添加新基料,原来添基料的1/2池则以同样的方法撒饲料、罩塑料膜,交替操作。③周期性分区投饵法:该种饲喂法也适用于小池养蚓和产孵混养的生产方式。因蚯蚓卵孵化时间为 7～28 天,因此可将 28 天作为一个安全产程。在这一个孵化过程内实行四点循环或埋饵饲喂。这样一

方面不会破坏产孵环境,使孵化率提高;另一方面可以为产卵蚓提供趋温、趋食性的产卵环境。以一小池为例说明如下:

等分4个饲喂区:即在装满基料的小池以各边中心点作为界线交点划分4个区域,并在池壁上用油漆标出1、2、3、4等分的4个区域。

埋饲喂管:分别在4个小区各埋一些饲喂管,分布要合理,饲喂管的长度应为池内基料深度的1/2。

第一区的饲喂:将饲料投入第一区内的饲喂管中。如蚯蚓投放密度达6万条/米^{3}以上,则饲料应灌满饲喂管;如果投放密度为3万条/米^3,则可灌到1/2。灌完饲料的饲喂管要盖上管盖,以免饲料污染。

第二区的饲喂:第一区饲喂之后,蚯蚓便由于趋食性,卵茧会大量聚积在喂食管周围。此时不得翻动该区域,也不宜再往喂食管中灌饲料。若继续灌饲料会造成饲料渗出沉积于饲喂管周围,封着卵茧,影响卵茧孵化,所以只能转到第二区喂蚓。一般情况下第一区饲喂7天后即可向第二区饲喂管灌饲料。在第二区饲喂7天内产卵蚓陆续聚到第二区产卵,第一区内卵茧开始孵出幼蚓。依次类推,28天轮换一遍。第二个周期开始前,需清理一下饲喂管,同时需检查第一区的卵茧孵化情况和饲料消耗情况,并做好记录,以供下一个周期饲养管理作参考。

周期性分区投饵法具有典型的饲喂、产卵、孵化综合管理的模式特征。

(二)庭院简易养殖池养殖的饲养管理

1. 庭院简易养殖池的铺设

庭院简易养蚓多半在院内建池,面积较小,饲养用的基料多为农产品的下脚料加畜禽粪便堆积发酵而成,各生态因素的稳定性较差。比如,温度在季节变化时不稳定,所以这样小容量蚓池铺料尽量做细一些,见图1-13。

庭院养蚓池的铺设方法:牛、羊、兔等草食动物的干粪加入40%~50%水拌均匀,再用青杂草混合发酵制基料,30%的壤土、

图 1-13 庭院养殖蚯蚓

70％基料配成养殖土。铺设前在池底放一层厚度为 20 厘米鹅卵石，石上铺 10～15 厘米的玉米秆或黄豆秆，形成含水层，若养殖土水分过大会下渗入含水层暂存。再用壤土与基料混合后的养殖土拌入 0.05％的增氧剂后，将其铺在秸秆层上，厚度约 30 厘米。在养殖土中层树立饲喂管，每平方米 1 个，并撒上一层 2～3 厘米厚的珍珠岩粒或废 PVC 泡板碎块。再将以畜禽粪为主料发酵基料按 500 毫克/米^3 拌入 801 生物活性剂后装满池子。

不管是大小池、箱、盆、缸养蚯蚓，都按此方法铺料。

这里所讲的庭院养蚓，实际上是传统养蚓，与集约化养蚓相比最大的区别是传统养蚓不喂饲料，利用粮食作物的秸秆、树叶及树嫩枝等植物类，动物粪便和工厂下脚料经堆积发酵制成基料，蚯蚓就养在其中。

2. 基料配制原则

（1）基料原料的选择　基料原料的选择从大的方面讲必须具有实用性、生产成本低和环保效益好。几乎所有无毒的阔叶树叶、无毒嫩草和嫩禾本科植、畜禽粪便，以及城市垃圾能被发酵分解的这一部分有机物都是可以利用的材料。选用的原则为廉、简、废。

廉：廉价，无须花费大的人力、物力、财力即可取得。

简：取得这些材料比较简便，加工简便，处理也比较简便。

废：工厂废料，即垃圾、工厂废料、屠宰厂下脚料中的有机成分。例如，纸屑、蔗渣、花生壳、阔叶树叶、锯末、废纸浆、糟渣、糖渣等。归纳起来有三大类。

第一类为植物类：植物类包括很多种，有些植物含有强刺激性气味不能用；有的含有有毒物质不能用。例如，前者为松、柏、樟、枫、梓等；后者为博落回、番茄叶、颠茄、曼陀罗、毛茛、茶饼、一枝蒿、烟叶、艾蒿、苍耳、猫儿眼草等。

但是，农村大田作物副产品很多都可以用，例如，大豆、豌豆、花生、油菜、玉米、小麦、水稻等农作物的茎叶；腐树皮、树叶是取之不尽的原料。还有些水生植物都是很好的基料原料。

第二类为粪肥类：这一类的原料包括厩肥和垃圾。主要有牛、马、羊、兔、猪、鸡、鸭、鹅、鸽等畜禽粪便和城镇垃圾、造纸厂废纸末、酒精厂和酒厂的糟渣、甘蔗渣。特点是蛋白质等营养成分含量高、生物活性强，能促进生长发育，是饲料中不可缺少的成分。其中各种动物的粪便营养价值也不相同。草食物，如牛、马、羊、兔、鹅粪便相对营养偏低，以粮食为主的精粮型畜禽，如猪、鸡、鸭、狗等的粪便营养水平中等；肉食动物，如水貂、狐狸、貉等的粪便营养水平最高。

草食动物粪便：以草食为主，补充一些精饲料，粪便中纤维素含量高，做基料原料发酵后松、爽，且肥而不腐，只是蛋白质含量低一些。可以用来作基料的基础原料，再配以高蛋白动物粪便最理想。

精粮型动物粪便：如猪、鸡、鸭的粪便，其便中蛋白质含量比草食动物的粪便高，但比肉食性动物的粪便低。这类粪便的特点是：黏而不爽，密而不透气，肥而有臭气。不宜较大比例地用于基料原料，少量加入一些可提高基料营养水平。

肉食动物粪便：这类动物饲料中肉食占 $60\% \sim 70\%$，脂肪含量 $8\% \sim 10\%$，营养丰富。但由于没消化的蛋白质和脂肪也多，所以粪便黏、稠、臭。这类粪便热能储备量也高，在应用上，一方面需要发酵，让其分解后可作蚯蚓基料原料配入，提高基料营养水平；另一方面可利用其高热能调节养殖土冬季和春季的温度。

第三类为工厂下脚料类:这类工厂为造纸厂、食品加工厂、造酒厂。产生的废料有纸浆废浓液、酒糟及糟液、酱菜废液、猪肠黏膜渣、食用菌生产废料。这些原料经过发酵,会产生一些消化酶和维生素等,蚯蚓食入后对其生长有促进作用,所以说也是养蚓的好原料。

(2)基料原料的处理 有规模的养蚓户,原料必须处理,如果这一环节做得不好,就会影响生产,甚至造成失败。

进料质量检验标准

干植物原料的沙土混杂量不得超过 0.5%;粪便类和工厂下脚料类水土混杂量不得超过 5%。垃圾中的无机类混合物、人工合成有机物和不可加工的植物不允许存在。干料含水量不能超过 12%;湿料含水量不能超过 25%。

原料的堆放实质上也是原料处理的生产环节,所以比生产环节要严格。运回的原料除了对其质量检验以外,就是堆放保管。因没经过发酵净化的原料具有潜在污染环境的危险性,故不能一次性入库储存,必须先入外仓等待净化。

入仓时按种类定位,并撒上生石灰及灭蝇药之后,用塑料膜罩严,等待使用。进出材料的外仓、内仓外,要求无臭无蝇,无污水溢流,进出料后应及时打扫消毒,做到地不脏。

(3)原料的加工

1)干料加工 这里所说干料是指干的植物茎叶和干的垃圾,不包括干厩肥。目前干植物茎叶可以用粉碎机打成粗粉状,然后过 4 目筛可保存待用。如果粉状物细到过 18 目筛,那么掺加量不能超过 20%,否则,会降低基料的透气性。垃圾还要用碱性消毒剂消毒后再使用。

2)草食动物厩肥的加工 草食动物厩肥的加工主要是晾晒,使之逐渐降低含水量。当粪肥中的含水量降至 20% 以下时,即可进行过筛。过筛时可用 2 目的大孔筛,筛上余料和杂草可晒干后归入干料类进行加工。

3)精粮型动物粪便的加工 这类动物粪便加工除了晒和过筛之外,还需消毒和中和。其方法是:将新鲜的生石灰碾成细粉,按其粪便重量的1‰均匀地撒布在水泥地面的晒场上,然后铺上精粮型动物粪便,其上再撒少量生石灰粉。如此处理后,晒场上苍蝇大为减少,几乎绝迹。生石灰的用量以使粪肥酸碱度达到中性为原则。测试方法如下:第一,以散点法取厩肥若干,集中混合,以四分法取样100克。第二,将粪样加清水稀释为糊状,并测试pH。第三,根据所测pH,估量加入生石灰粉的量,经搅拌3分后再测pH,并不断加量调试,直到酸碱度达到中性为准。第四,累计生石灰的加入总量,计算出加入的百分比,即为厩肥应加入生石灰的量。

晾晒时常翻,能使其均匀松散,然后过2目筛。如果晒场苍蝇仍然很多,可向厩舍内喷洒CJ50长效灭虫王即可灭蝇。

4)肉食动物粪便的加工 这类动物粪便臭味重、易生蛆,故加工处理要及时,最好是集中在烈日下暴晒致干。在天气不好时,可暂时将其装入能密封的塑料袋中或封闭在水泥池内直接发酵。如果粪便含水量过大,一时又无法晾干,便可将一部分拌入,拌入量以达到便于装运为原则。

(4)基料原料的储存 储存库区要求清洁、整洁、有序,无异臭、无蝇蛆、无垃圾。库内库外每天都要打扫干净,并且定期消毒。消毒方式是喷洒消毒液。库内墙壁上要喷洒3~4次CJ50长效灭蚊王。库内原料上每2~3天喷1次氯氰菊酯类药液。

储存原料的库区最忌积水,库区一定要选择地势高、阴凉,排水通畅、方便的地方。

1)植物茎叶类原料的储存 这类原料一般储存在敞棚里,通风良好。原料入库前在地面上撒布一层鲜生石灰粉,周围撒布CJ50长效灭蚊王;同时将直径约20厘米的竹编换气筒树立在撒石灰粉的地面上,每4米²1个,然后倒入原料,实行干料保管。

2)草食动物粪便的储存 这类动物粪便无臭味,干后松散透气,只要库内清理干净、注意消毒,库内原料不会出什么问题。在储存前要做好以下几方面的工作：

在库房内除了留出管理人员的走道,存料的位置要用砖砌出数排留有空隙的砖脚。砖脚最好用砖砌一层,砖脚上铺一层玉米秆等物,做成料床。要求床下通风,便于清理、施药。

在放料之前,将库房内壁、料床上下都喷上 CJ50 长效灭虫王。然后把原料往床上堆放,每堆放 30 厘米厚,撒上一层长效病虫净粉,堆放到最后封顶时,再洒一层病虫净后封顶。处理后的原料可保存 1 年不变质、无虫害。万一有地方生虫、发生霉菌等,可在床下用硫黄熏杀,每周 1 次,连续多次。

3) 精料型动物粪便的储存　这种动物的粪便晒干以后仍有一定的臭味,应进行密封保存。保存的方法是修一大砖池,把干粪便封存在砖池中。原料入池前要像草食动物粪便保存方法一样,先对池底和池壁进行消毒。消毒后装满料,再用塑料膜罩在表面上进行封闭,最后在其上盖一层土。

4) 肉食动物粪便加工料的储存　这一类动物粪便很臭,必须晒干加工后才好保存。晒干的粪便可按精料型动物干粪保存办法一样,进行封闭保存。也可晒干后就在晒场上拌入一种具有干燥、分散、除臭综合作用的混合物直接入库。

混合物配方

阔叶树锯末　50%;

草木灰　40%;

病虫净　2%;

除臭剂　2%;

生石灰　3%;

谷壳　3%。

将上述料混合均匀后,根据粪便的干湿程度,粪便占 50%～70%,混合干燥除臭粉占 30%～50%,拌均匀、晒干。收贮时过 8 目筛,即可入库封闭。

另一种除臭剂配制方法:

活性炭　43％；

苯酚　2％；

苯甲酸钠　2％；

碳酸氢钠　20％；

硫酸铝　10％；

氢氧化铜　1％；

十二烷基碘酸钠　2％；

芳香剂　2％。

将上述的配料混合磨为细粉，储存干粪便装池后，在其上层撒布一层即可除臭。

（5）蚓池基料配制　蚓池基料是蚯蚓的生存环境，配制出的基料必须具有松、爽、肥、净的特色。松即松散，不板结、透气性好，不成硬结团，基料抓在手中有弹性感，抓在手中握之成团，掉地即散。爽即清爽，不粘连，不成稀糊状，无腐臭味。一倾即下，一耙即平，pH 7 左右。肥即营养素含量丰富，要求蛋白质含量在10％以上，脂含量2％以上，并含有丰富的氮、砭、钾及其他矿物质和多种维生素、多种氨基酸。净即干净，无病原体（相对），无霉变，无没处理的生料、杂物。

在配制之前必须根据当地的自然资源状况研究或选择适合本地区应用的配方。按好的配方配制的基料，不仅充分利用了本地资源，降低生产成本，而且养蚯蚓时小环境内光、温、气、湿等条件优良，且营养丰富，蚯蚓生长、发育、繁殖良好。

1）对基料的要求

a. 基料的营养要求。这里应分清两个词：饲料、基料。基料不能代替饲料，饲料营养价值更高一些。基料中已经存在丰富的营养素，不投喂饲料一般情况下已经能使蚯蚓正常生长发育和繁殖。但是，怎样使基料潜能发挥得更好，这里还需应用现代科学技术。

45

益生菌与病原菌

营养素潜能如何发挥：基料质量高，并且持久性保持营养平衡，必须应用目前的微生物技术。研究证明：细菌分两大类，即有益菌和病原菌。有益菌不仅能发酵产生酒、酱菜，而且还能发酵产生工业产品，更重要的还能保护人类和畜禽类肠道，使其肠道不生病或少生病。所以，目前被广泛利用。由多种有益菌组合形成的有益菌群，统称益生菌，有的称为益生素。益生菌与病原菌是互为消长的，益生菌大量繁衍生成优势菌群时，病原菌就被抑制，甚至杀死，家畜就不会生病。相反的，益生菌若因某种原因繁衍受到影响，优势菌群状态被破坏，病原菌就大量繁殖，动物就会发生疾病，特别是肠道疾病发病率更高。

益生菌是以纤维素为营养物，以分解纤维素产生的热能为动力，推动其繁殖的。基料中有大量的纤维素，益生菌分解不仅可以产生热量，在温度较低的季节里增加环境温度，而且可以把纤维素分解为低分子量的糖类，蚯蚓吃进去更容易消化吸收。同时益生菌不断繁殖，58分繁殖1代，前面不断产生新益生菌，后面老化的益生菌陆续死亡，益生菌细胞内的蛋白质又可变成基料中的蛋白质，又为蚯蚓增加了营养物质。所以，在基料配制时在其中加入益生菌，不仅净化了蚯蚓的生存环境，而且提高了基料中营养物的量。也就是说，除了基料中原有原料所含营养物外，通过益生菌分解活动又增加了一些新的营养物质，能使基料营养平衡维持较长时间。

b. 基料的环保要求。城市垃圾处理已是目前世界上的难题。20世纪80年代，中国农业科学院土肥研究所已开展了这项研究工作。目前，城市已经将垃圾分类，可以再利用的有机物垃圾作为蚯蚓基料或部分基料经益生菌发酵变为可供蚯蚓食用的有用物质。或将城市大量的垃圾变为城市居民养花、人行道绿化的优质有机肥。

c. 废料的循环性利用。蚯蚓粪对养蚓环节来讲，就是废，可是蚯蚓粪中仍有一定量的营养物质没被蚯蚓消化吸收,可以直接用来作优质有机肥,既干净,又卫生。

2)基料配方　因为很多养蚓生产者没有研究能力,自己不会拟定基料配方,这里我们介绍一些经典基料配方,供养蚓生产者根据当地的资源选择适合当地就地取材的配方。

配方1:

植物茎叶类　35%;

牛羊兔粪便(干品)　30%;

精料型畜禽粪便　30%;

材料性糊液　4%;

动物性糊液　1%。

配方2:

植物茎叶类　30%;

草食动物粪便　30%;

精料型畜禽粪便　30%;

动物性糊液　6%;

材料性糊液　4%。

配方3:

植物茎叶类　45%;

草食动物粪便　20%;

肉食动物粪便　30%;

植物性糊液　5%。

配方4:

植物茎叶类　35%;

草食动物粪便　30%;

肉食动物粪便　15%;

酒糟　20%。

配方5:

草食动物粪便　30%;

精料型畜禽粪便　35%;

糖渣 33％；

饼粕 2％。

配方6：

稻草粗粉 30％；

草食动物粪便 35％；

烂菜次水果 30％；

动物性糊液 5％。

配方7：

草食动物粪便 50％；

精粮型畜禽粪便 20％；

废纸浆 30％。

配方8：

阔叶树锯末 40％；

精粮型畜禽粪便 30％；

肉食动物粪便 20％；

谷壳 10％。

配方9：

食用菌废料 50％；

精粮型畜禽粪便 20％；

屠宰厂脂性污泥 30％。

配方10：

甘蔗渣 40％；

甜叶瓜果皮 30％；

纸屑 20％；

酒糟 10％。

3）基料制作 根据当地的资源就地取材选择一个配方，然后备好原料，进入制作工作程度。

称量：以干物质作配料重量，如果是湿料可以先测出含水量，算出干物质的量，再算出湿料应兑入的量。原料配齐后进行混合。

加水拌料：混合后的原料，如果全是干料按 55％～65％加水，如果是湿料折干的,应去除湿料里所含的水。也可以凭经验加水,即一边往料里加水,一边拌料,看看快到水量够的时候,用手抓一把湿料,手握成团,掉在地上即散,说明加水量已够,停止加水。

陈腐:将加过水、搅拌均匀的料堆在阴暗处或在其上盖遮光物,停放 24 小时后,水可能渗透原料,湿度均匀了,这时抽样测定含水率,达不到标准就再加一些。

入池发酵:在陈腐后的基料中加入益生菌和纤维素分解酶。益生菌每克含菌量达 40 亿个,每 100 千克料加 200～250 克;纤维素分解酶每 100 千克料加 100 克。加后再拌料堆,使其分布均匀。翻拌料堆使益生菌和纤维素分解酶分布均匀后往发酵池装料。

装料的方法是,装一层,工作人员下池内将其踩实,一般每层20～30 厘米,直到到达池沿为止,踩得愈实愈均匀愈好。装完池要做好以下几方面的工作:①做好封池工作:装好的发酵池严密地覆盖上塑料膜,小池子可加盖,大池子可在塑料膜上覆盖厚度 30 厘米的土使其密封。②测温:测温方法是,在基料装池封闭后,春秋季 4～5天后测温,夏季 3 天开始测温,冬季 12～15 天开始测温。测温时在发酵池中间扒开口(封闭时预留的),再往下扒开料 20 厘米,将温度计插入发酵料内 20 厘米看其温度。若这时料内温度在 40～50℃,说明发酵正常。再过 2 天再测 1 次,若温度达到 60℃ 左右,说明发酵已进入高峰期,以后每 2 天测温 1 次。③放热保能:发酵温维持60℃ 左右一段时间,当料温开始下降,说明发酵高峰期已过,当料温降至 35℃ 时,揭开封闭膜让其散热,当料温达到常温或稍高于常温时,停止散热。

测试调整:①酸碱度的测定:其料酸碱度最好为中性,缓冲范围为 pH 6.8～7.6,超过缓冲范围就需要用酸或碱调整。②测含水量:含水量应为 60%,含水不足要加水,含水过量可以加一些干料。③测定气味:经发酵,正常料无异臭味。若不正常,发酵料有臭味,这应及时重新发酵。重新发酵时应再加 1% 的益生菌和 15% 的酒糟,以助料堆内升温。④测定密度:发酵后料堆下落、密度大,若出现发酵料透气性不好,则需加入已发酵的植物茎叶或草食动物的粪便进行调节;还可以加一些粉碎的花生壳料,也能调节透气性。⑤测定肥度:本项测定也是直观的方法,测定内容为毒性测、适应性测。关系到发酵好的基料能否使用。测定方法比较简单,即在潮湿有蚯蚓活动的地方,堆几堆发酵的基料,每天早晨依次检查每堆发酵料有无蚯蚓钻入和钻入的数,钻入的愈多,说明发酵品质愈好,并做记录。如果该堆的料没招来蚯蚓,说明发酵料品质不好,需要加其他的料进行调整,直到有蚯蚓钻入,钻入量较多才算调整好。⑥营养测定:这项测定需送入农业测试中心,主要测定蛋白质的含量,达到 6% 以上为合格。

3. 庭院养蚓的饲养管理

庭院养蚓主要是商品蚓生产,管理比较粗放一些。容器可以用陶瓷缸、大的塑料盆、庭院挖池。池也可挖成地下式的,也可以建成地上式的,还可以建成半地下式的。池的长因场地大小而定,一般宽 1.5 米左右,深 80 厘米左右。在池底铺一层消过毒的鹅卵石,厚 10～15 厘米,鹅卵石上再覆盖一层经过太阳曝晒、紫外线消毒的沙土,厚度 10 厘米左右。基料铺在沙土以上,厚度 40～50 厘米。

基料如果太肥,可以加入 30% 左右的壤土制成蚯蚓的养殖土。基料肥度适中,可以不加壤土,纯基料作养殖土使用。养殖土的湿度为用手抓一把养殖土,手握成团,手指伸开后土团不散,掉在地上碎成几瓣。养殖土铺好后,准备好蚓种,在前一天晚上少放一些,观察养殖土有无不适宜蚓种生存的地方。如果第二天早上发现先投蚓种全进入养殖土中,说明养殖土无不良的地方;如果蚓种没往养殖土里钻,或少量的钻入,大部分在土表层,说明养殖土品质不良,需重新研究和调制。

（1）投种的密度

1）根据温度投放蚓种　气温在 25℃ 以上的条件下,每立方米养殖土大、中、小蚓种混投,可投 6 万～8 万条;气温在 10～25℃ 时,每立方米养殖土投大、中、小混合种 8 万～10 万条;气温在 10℃ 以下,要采取冬眠性寄养,每立方米养殖土可投放大、中、小混种,投放量可达 10 万～12 万条。

2)根据养蚓池深浅掌握养殖密度　养殖土厚度在 40 厘米以下者视为浅池,在常温条件下,每平方米投放产卵期的蚓种 2.5 万条。温度 18℃时,可以多投一些;温度在 25℃时,可少投一些。育肥池、地上深池、地下深池或半地下深池,养殖土厚度在 50～60 厘米的,常温条件下,每平方米投放 5 万～6 万条。

(2)基料更换　基料更换间隔时间长短,视养殖密度和养殖土肥度而定。养殖土较肥,投放蚯蚓密度适中,基料更换间隔时间就长;养殖土肥度适中,投放蚯蚓密度大,基料更换间隔时间就短。一般养殖土中腐殖质数量明显减少,蚓粪明显增多,养殖土的透气性变差,这时就需要更换养殖土或添加新基料了。

1)更换新基料　把养殖池一分为二,把一边的养殖土全部翻起,堆在另一边,另一边的厚度增加 1 倍。把新基料填在清出旧基料的空间里,厚度与旧基料层一样厚。由于新基料营养丰富、透气性好,生存环境好,蚯蚓逐渐从旧的养殖土转到新基料中。经检测,旧的养殖土中蚯蚓数量极少时,把旧养殖土清除,再把新基料铺在全池。

2)添加新基料　添加新基料的方法是:因蚯蚓怕强光,在白光线最强的时候用带把的刮板刮去蚓池养殖土,刮去一薄层,蚯蚓离表层又近了些,因怕光就继续往下钻,过 1 小时再刮去一层养殖土,待刮去养殖土的厚度达到总厚度的 1/3 时,就不再刮了。刮去的部分用新基料补上,达到原来总厚度为止,也就是每次补上 1/3 的新基料,待新补充的基料被吃完后,再按上述方法补充新基料。

3)蚓池的管理　集约化养蚓对蚓池这一小生态环境特别重视,而庭院养蚓虽没有集约化养蚓管理那么精细,但蚯蚓生存的基本条件还是必须保证的。例如,温度、湿度、酸碱度、透气性等都必须满足。室外建养蚓池的,池的上空必须搭建遮阳棚、遮雨棚,夏季能遮阳、遮雨,不让阳光直射到池面上,雨天雨水不直接淋入蚓池中;冬季下雪时雪落不到蚓池中。否则养殖土中水分过大,土内没空隙,氧气锐减,蚯蚓会窒息死亡。

蚯蚓最适宜的生存环境为 18～26℃,在气候变化时,要经常测试养殖土温度,掌握土温高低,若土温过高或过低应及时采取措施。

另外,蚯蚓冬季冬眠的温度在-1~10℃,比较寒冷的地区,最低温度能达-10℃的,到冬季蚓池周围要培土,内养殖池以上要盖稻草或其他干草,厚度在30~50厘米,起到保温作用,尽量不让养殖土降到2℃以下,以4~6℃比较好。夏季养殖土温不能超过30℃,否则大批蚯蚓会逃跑。

另外,还有一个重要方面是防敌害。蚯蚓的主要敌害是老鼠。老鼠多的地方,要在蚓池上覆盖铁丝网或尼龙网,既防敌害又保证通风、透气。

五、蚯蚓养殖池的建造

(一)场址选择

场地选择应考虑将来形成的小气候。因场地和植被是形成小气候的基础。所以,在选择场地时,应考虑地势高低、水位高低、土壤的含水性、土壤肥度等,见图1-14。

图1-14 蚯蚓养殖场

1. 场地选择

场地应选择地势较高、背风向阳、雨季不积水的地方;地下水位中等偏高,水位偏低时遇到干旱时期树木容易缺水死亡。土壤应保水性强,比较好的土壤有油沙土、高有机质土、腐殖黑土、膨润土。同时也要有一定的肥度,种植草和其他植物时,会生长茂盛,便于形成良好的小气候。以下地块不能选用:砾石地面不可用,因是冬凉、夏热的地方;沙质地面不可用,因属高透水性、高热辐射地段;斜坡中段以上不可用,因四边水位落差大;高油质地面不可用,因属含苯化合物毒性地段。

2. 植被布局

好的植被光合作用较强,环境溶氧量高、氧交换条件好;能调整环境温度,使之保持相对稳定;有保湿效果,土地湿度与空气湿度相对稳定。植被布局一是原有的地面植被,二是人工栽培使其达到理想程度,选择植株高、密度大、叶厚、含水量大的草本植物营造好的植被,两者结合调节场区小气候。

3. 社会环境

社会环境应考虑基料原料运入、蚓粪运出等运输条件。所以,应选择在交通便利的地方建场,但又不能紧靠公路和铁路,离公路和铁路近时一方面场区不卫生;另一方面震动会使蚯蚓逃跑。养蚓场一般应距离主干道 200 米以上,离乡村公路 100 米以上。远离屠宰厂、畜产品加工厂、牲畜交易市场、化工厂和机械厂,防止病原菌、有毒气体扩散到养蚓小区内;远离机械厂,防止大型机械开动时的震动使蚯蚓逃跑。另外,蚓场必须设在水量充足、水质良好的有水源、有电源的地方。

(二)集约化规模养殖池的建造

1. 顶棚建造

顶棚是为蚓池遮阳、遮雨、遮雪的设施,见图 1-15。夏季遮挡阳光,不让太阳直射到池内,以免池内温度升高和大量水分蒸发;挡雨,不让雨水淋入蚓池,若雨水大量淋入蚓池,养殖土空隙全部被水占据,蚯蚓就会因缺氧而逃跑或窒息;冬季不让雪落入蚓池,雪化了以后雪水渗入养殖土,造成土内缺氧,会使冬眠中的蚯蚓死亡。

顶棚的用料一定要有隔热效果,顶棚的材料根据自己的经济情况来选材。最好选用轻钢材中间夹泡沫板,厚度 10 厘米;也可用草制作

图1-15　养殖池顶棚

顶棚,也能起到隔温、隔雨效果。如有废旧的牛舍、羊舍或猪舍,经维修也可以利用。总原则是因陋就简、就地取材,尽量减少前期投入。

2. 集约化养蚓池的建造

集约化养蚓池建成立体多层的,具体建多少层,视遮阳棚高低和便于管理为原则。可以建成4层的,也可以建成5层的,见图1-16。

图1-16　立体多层养殖池

每层 60 厘米,上面留 20 厘米不做池壁,便于透气和添料、除蚓粪等,下面 40 厘米四周建池壁。池壁建造用材也是以经济、实惠为原则。常用的有砖和石棉加工的建材用板。若用砖和水泥砂浆砌池壁,可用立砖,以水泥砂浆黏合,砌出的池壁厚度为 6 厘米。建造方法是用砖、水泥和沙做成框架,然后以水泥砂浆做底、做泥壁。池底以卧砖和水泥砂浆铺成。中间纵向留一道宽缝,其宽度为 18 厘米,待蚓池装料前用卧砖覆盖,覆盖时两砖之间留 1 厘米的空隙,便于透气或渗水。蚓池的宽度视场地大小和立体池的摆放方法而定,一般为 80~100 厘米,以管理方便为原则。长度也是随场地和摆放方法而定。

若是用石棉建材板做蚓池池壁和底,可先用角钢焊成框架,然后把石棉板裁成需要的宽度,或围成池壁,或铺成池底。这种材料做的立体池,宽度一般不应超过 80 厘米。底板的中间钻两排孔,每个孔直径 3 厘米左右。在蚓池装料以前,用尼龙网将孔盖上,装料后一方面料不会漏下去,另一方面可透气和渗水。

(三)庭院简易养殖设施建造

庭院养蚓窗口可以就地取材,如旧缸、大的塑料盆、包装箱等。这样的容器饲养有限,多半还是建池。建池有两种形式,一是地上池;二是地下池。一般是一层,深度比立体多层池的深度要深一些,分别介绍如下:

1. 地上池建造

地上池(图 1-17)建造比较简单,先把建池位置整平夯实,再在地面上铺一层卧砖。砖缝用水泥砂浆封严。池壁用单砖和水泥砂浆砌成。池的大小可根据场地大小和形状自行设计,一般来讲应为宽 100~150 厘米、高 70~80 厘米,长视场地情况决定。池壁下部设置通气口,装料时用孔径最小的焊接网从池内堵住,一方面仍然可以通气,另一方面防老鼠等敌害。装料前,用鹅卵石或小砖块在池底铺 20 厘米厚石块,上面铺一层尼龙网,一方面养殖土湿度大时石块层可以渗水,另一方面可以与进气口形成透气层。

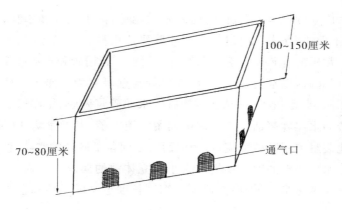

100~150厘米

70~80厘米

通气口

图 1-17　庭院养蚓地上池示意图

2．地下池建造

地下池(图 1-18)的大小与地上池一样,也是视场地的大小而定。不过所不同的是,地下池全在地下,优点是保温性好,夏季池内温度不会突然升高;冬季在中原地区 10 厘米以下不会有冻土,能保证蚯蚓安全越冬。但是,缺点是透气性不好。解决的方法是,建地下通气道。通气道建法是在地下池下面的正中间挖一道沟,长度与池长相同,宽 20 厘米、深 25～30 厘米。在池的通道上盖一层砖,砖与砖之间留空隙 2 厘米,便于透气。地下池投料以前,用鹅卵石铺一层,与通气道上的砖缝形成一个透气层。透气层上面铺上尼龙网,其上再投基料。

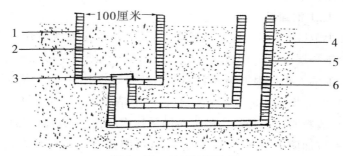

100厘米

1
2
3
4
5
6

图 1-18　地下池示意图

1．地壁　2．养殖土　3．通气道上盖砖

4．地层　5．通气道壁　6．通气道(25～30 厘米)

六、蚯蚓的采收和初加工

蚯蚓采收和加工方法随用途不同而有所不同。例如,做饵料用的蚯蚓采收、加工与做药用的加工就不一样,下面做一些介绍:

(一)用作活饵料的蚯蚓的采收和加工

蚯蚓是高蛋白的低等动物,鳖、黄鳝、泥鳅、龟类、大鲵、蛙类等特种水产和名贵动物药材的蝎子、蜈蚣等人工养殖,都以活体动物为食,作为饲用动物之一的蚯蚓,必须取其活体直接投喂,见图 1-19。例如,黄鳝、泥鳅主要以嗅觉作取食导向,只要饵料中有鲜蚯蚓的气味,就引诱其取食;鳖、龟、大鲵嗅觉也比较敏感,也具备视觉寻食的能力,不管是活蚯蚓还是拌有鲜蚯蚓浆或干蚯蚓粉的人工配制饲料,对其都有很大的诱食性;蛙类对近处物体几乎无辨视能力,只有"以动为食"的能力,故以活虫直接为食,蝎子和蜈蚣也是如此。饵料蚓采收方法如下:

图 1-19　用作活饵料的蚯蚓

1. 成蚓收集方法

(1)草垫诱集法

1)草垫处理　草垫编织,把理顺的干净稻草理成束搓实、搓细,并编织成厚约 3 厘米的草垫,大小一般为 80 厘米×60 厘米;将编好的草垫浸入 3‰生石灰液中软化,24 小时后捞出,并用清水冲洗干净,晾干后再喷上 2%苯甲酸溶液,防腐备用。

2)诱集方法 ①选点铺垫,把草垫一一铺在养殖土面上,然后在草垫上喷上清水,以草垫湿度均匀为标准。②喷洒诱蚓剂,用酒糟废液或浓度 0.5%白酒,将白糖按 0.02%浓度完全溶解在乙醇溶液中,即成引诱剂。冷却后均匀地将其喷洒在草垫上,要求刚好浸满草垫,不使诱蚓剂过多而渗入养殖土。③驱赶,如果蚓池较大,草垫没在养殖土面上铺严,对没铺草垫处下面的蚓可以加以驱赶,其方法是,将 3%的病虫净水溶液,喷洒在没铺草垫的养殖土面上,该药除了有驱蚓作用外,还有杀虫、灭菌作用。④取蚓,在适宜的温度条件下,喷诱蚓剂 12 小时之后,即可取蚓。即前一天 18:00 喷洒诱蚓剂,到第二天 6:00 即可收取。收取时将塑料膜铺开,然后迅速将草垫卷起,置于塑料膜上,并向草垫上喷稀释 5 000 倍的高锰酸钾水溶液。此时附在草垫上的大量成蚓便纷纷钻出而落在塑料膜上。用高锰酸钾水溶液驱落蚯蚓有两个作用,一是蚯蚓驱落时也经过了消毒,二是草垫也经过了消毒。所收取的蚯蚓直接用于水产动物的饵料,不用再消毒了。

(2)瓦瓮诱集法 本方法是以瓦瓮盛诱饵诱获蚯蚓的一种方法。该方法较草垫诱获法更具有应用性,夏季、深秋也可以采用。其不足之处是要专门订制瓮壁钻有无数小孔的瓦瓮。

1)瓦瓮制作要求 高 30~40 厘米的收口圆肚瓦罐;罐内不需上釉,瓮壁应具有透气性;瓮壁上有较多的小圆孔,制坯时就钻成。孔的直接大小应为 5~10 毫米为宜,但不必过大,以免蚓池中养殖土落入瓮内;瓮口以手能伸进抽出为宜,瓮盖不钻孔,并应盖严。

2)诱集方法 ①埋瓮,将取蚓瓦瓮埋入养殖土中,掩埋深度以不露盖为好,每 3 米² 埋一个,每个瓮内放一些软化稻草或老丝瓜瓤。②投饵,投饵时揭开瓮盖,将前面介绍的糖酒诱蚓剂缓缓倒入一些,落在稻草或丝瓜瓤上,或放入一些酸、甜味浓的烂瓜果皮,然后加盖掩埋,最后在瓦瓮四周喷洒一些糖酒诱蚓剂。③取蚓,投入诱蚓剂后

3～4 天,开瓮取出已钻满蚯蚓的瓮,并用高锰酸钾水溶液赶出蚯蚓,把瓦瓮洗净再用。

(3)养殖土剥离法 本方法是在阳光或灯光下,利用蚯蚓畏光的特性而进行的。其特点是操作方便,收取量大,但需要的时间较长。

1)准备工作 准备一把齿长为 3 厘米的钉耙、一把铁锹、一把带把的木质刮板及盛蚯蚓的容器;在白天使蚓池中养殖土露在阳光下1～2 小时并不时用钉耙将被照射的养殖土表层稍加耙动,使其蓬松而透光,以驱赶蚯蚓下钻。

2)收集蚓卵茧 经过认真检查,确定土层 3～5 厘米以上无蚯蚓,并发现表层养殖土内有大量卵茧时,可用木刮板把表层养殖土刮去,随即再刮下面的孵茧层,将带茧层土送入孵化池或孵化容器。

3)逐层剥离 收取蚓卵茧以后,再反复进行上面步骤两次,直到大量蚯蚓不能继续下钻为止。

4)取蚓 将下层蚯蚓、废基料、蚓粪等混合物收入容器,使之装入至容器高度的 3/5 处,容器正中间树立一个直径 5～8 厘米的PVC。用清洁的水调配成 pH 7～8 的石灰水溶液,并将其缓慢地注入 PVC 管中,约 60 厘米水深需注 1 小时。注入溶液总量以正好淹没蚓料混合物为宜。注入完溶液约 30 分后,蚯蚓就会大量钻入料面,此时就可以直接收取。

(4)光驱取蚓法 这种取蚓法有两种优点:一是对小型池可达到快速取蚓的效果;二是还可以对种蚓池的非同龄蚓进行分选。

1)选筛 对爱胜蚓而言,混合收取需 8 目筛;成蚓收取需 8 目筛、14 目筛;中蚓收取需 8 目筛、14 目筛、20 目筛;幼蚓收取需 20 目筛以下的筛。

2)筛选取蚓

a. 筛选取蚓:不管是混合取蚓还是只收取成蚓、中蚓或幼蚓中的某一种,均需要首先采用 6 目筛。其方法是:先将养殖土和蚯蚓混合体装入 6 目筛中,装入深度为 5～8 厘米。筛下放一光滑的塑料箱或塑料盆。为防止蚯蚓外逃,可在盆沿处涂刷一层病虫净药液,以日光或较强的灯光照射,光照3～5分后,即可翻动筛内的养殖土,此时大、中、小蚓便迅速穿筛而过,落入箱或塑料盆中。取蚓1次一般为10～15分。

b. 清洗收蚓:首次光驱入盆的混合蚓中,混杂着不少的养殖土或其他渣子,必须清洗干净之后,再进行分选或加工用。其方法是:在盆底中央扣放一小锥形物,但不要将蚯蚓扣在里边,并将稀释5 000倍的高锰酸钾溶液倒入盆中,水溶液能浸没所有蚯蚓,但锥形体必须露出液面。此时,所有蚯蚓必挣扎窜动,达到了清洗蚓体的目的,并争相爬到锥形体上,大约30分即可将不断涌向锥形体的蚯蚓全部收集干净。如果还要分出大、中、小3个等级,可用各种筛继续进行光驱筛选。例如,收集成蚓时,将已收集的混合蚓以14目筛筛选,剩下的为成蚓;取中蚓时,将14目筛筛下的混合蚓以20目筛进行光驱,筛内未能通过的为中蚓,筛出的为幼蚓。用这种方法取蚓,对其没有损害。

(5)密耙采收法 这种方法比较简捷,即定期使用齿距1.5～2厘米、长15厘米的钉耙,在蚓池内深耙2～3遍的采收方法。该法取蚓动作要敏捷,每下耙1～2次,即将挂在耙齿上的成蚓抖入容器,但耙的拖拉不可用力太猛。其收集量很可观,不足之处是所收成蚓中混杂粉渣量比较多。

2. 蚯蚓活体消毒

蚯蚓在作动物饵料投喂以前,必须对蚓体进行消毒灭菌,可以防止蚯蚓作活动物饲料投喂时,将病菌带到动物体内。但是,必须做到既要达到消毒的目的,又不至于将活蚓毒死或杀死,否则就失去使用诱饵的意义。

(1)高锰酸钾溶液消毒 将活蚯蚓用清洁水漂洗1～2次,除去蚯蚓体表黏液及污物,然后投入稀释5 000倍的高锰酸钾溶液中,经3～5分捞出直接投到吃活体饵料动物饲料台上供其取食。

(2)病虫净药液消毒 病虫净是中药制剂,其药用成分为生物碱、糖苷等多种低毒活性有机物,故在一定浓度之内既可达到彻底消除蚯蚓病毒、病菌及寄生虫卵的作用,又能确保蚓体活性。消毒方法是:将病虫净稀释300倍,将漂洗干净的蚯蚓浸入其中3~5分即可。

(3)吸附性药物消毒 药液配制:将0.3克硫酸酯晶体倒入2 000毫升的饱和硫酸铝钾(明矾)水溶液中,进行充分的搅拌,待溶液清澈后,将漂洗过的蚯蚓投入,浸泡2~3分。当观察到溶液中有大量絮状物时,即可捞出蚯蚓投喂特种水产动物。用这样处理过的饵料喂鱼,具有驱杀鱼类寄生虫的效果。但是,这样处理的蚯蚓不能直接喂禽类,以防其多吃后中毒。

(4)臭氧灭活消毒 可使用臭氧电子消毒器进行消毒。其特点是,对各种病菌、病毒都具有快速杀灭作用。由于臭氧是气体,是以弥漫性循环消毒的形式接触病菌、病毒和虫卵的,即使有遮挡物,只要透气,均能达到预定空间,没有消毒死角。消毒效果比化学药物消毒快8~12倍。对蚯蚓消毒时,可较彻底地杀灭其身上多种病菌和病毒,且无杀死蚯蚓的现象。

消毒方法是,用铁纱网制成80厘米×50厘米×10厘米的盒子。将洗净的蚯蚓放入盒内并盖严,每盒装5~6千克,然后将装蚯蚓的盒子依次码入一顶部装有电子消毒器的密封木柜中。开启消毒器开关,关严柜门,约60分即可打开柜门,取出盒子,蚯蚓依然鲜活,且无菌、无病毒。

应该注意的是,如果打开柜门闻不到臭氧浓郁气味,即说明消毒不够,需关上柜门继续消毒。一般情况,打开柜门前,在柜外就能闻到从柜门门缝溢出的臭氧味时,可以认为消毒较彻底了。另外,还要注意:在制作消毒柜子时,必须把电子消毒器放在柜子的顶部中央位置,否则将影响消毒效果。

如果没有消毒柜,可将装蚓的盒子码入用塑料膜制作的密闭罩中,同时把电子消毒器放置上层方盒顶上即可开机消毒。

3. 活体蚯蚓保存

不管是蚯蚓作为活体饵料,或者是加工成制品,都必须进行活体保存,本保存法可使蚯蚓保持30天以上不死亡,完全可以满足大生产中活体储备的需要。

(1)膨胀珍珠岩保存法 膨胀珍珠岩是珍珠岩矿石经1 260℃高

温烧制成的一种白色中性无机砂状材料,具有比重轻、导热系数小、低温隔热性好、保冷性佳、吸湿性小、化学稳定性强、无味无毒、不燃烧、抗菌耐腐的特点。用膨胀珍珠岩砂进行蚯蚓活体冷藏,具有其他任何材料也不能代替的作用。

1)珍珠岩砂的处理 将珍珠岩砂盛入0.1%的高锰酸钾溶液进行一般性的搅拌消毒后,再加入清水除去残留药液,然后拌入1%的碘类饲料防腐剂,蚯蚓保鲜载体已经处理妥当了。

2)储存方法 将体积为珍珠岩砂体积的50%~70%的消过毒的活蚯蚓,分批倒入珍珠岩砂中,待前一批蚯蚓全部钻入砂中时再倒入下一批,等最后一批全部进入后,将容器放置在1~5℃的环境中保存。此方法可保存活蚓1~2个月。

3)注意事项 ①保存温度不得低于1℃,也不得高于5℃;储存温度在规定的范围内偏低,保存时间长;在规定的范围内偏高,保存时间短。可根据生产需要而设定保存温度。②取蚓时可依次按需取出,常温下用4~6目的纱网罩住容器口,使其套于口沿之后,再在容器口沿上套一纱布口袋,并将容器倒扣在清水中,使纱布口袋悬于水中,此时蚯蚓便可钻过纱网进入口袋内,而珍珠岩砂则因其特别轻而浮于水面以上、容器底以下,不会混杂蚯蚓。

(2)冷水保存法

1)容器处理 按每平方米40克的量在容器底部撒一层增氧剂,然后摆一层经清水洗净的木炭。再在木炭上层罩上一层细孔尼龙网。将去皮后的老丝瓜瓤码放其上,码放高度为容器高度的2/3处。

2)投蚓储存 将具有一定绿藻的塘水置入容器内,以含量为2毫升/米^{3}的漂白粉溶液消毒;在室外放置24小时之后,将消过毒的活体蚯蚓投入容器中;投入量为丝瓜瓤体积的50%~70%,置容器于1~5℃的环境中降温保存。其方法能使蚯蚓存活2个月左右。

3)收蚓方法 容器中的水位必须以全部淹没丝瓜瓤为准;取蚓时务必使容器内水温与常温接近之后才能取出丝瓜瓤;将取出的丝瓜瓤放在光亮处,蚯蚓即可蜂拥而出。

(3)活蚓打浆保存法 蚯蚓浆在特种养殖中有很重要的作用。

饲用动物养殖关键技术

在特种水产中,蚯蚓浆是最好的诱食剂。例如,养殖黄鳝,因黄鳝偏食,在更换饲料后,常有不接受新饲料的。如果这时在新换饲料中拌入一定量的蚯蚓浆,黄鳝就接受新饲料了。加工方法如下:

1)防腐剂的配制 三聚磷酸钠 22%、烟酰胺 20%、山梨酸钠 19%、柠檬酸 8%、乳酸钙 7%、山梨醇 22%、蔗糖酯 2%。

将以上配料进行充分搅拌,装瓶备用。

2)绞浆处理 将配制好的防腐剂加入准备加工的活蚯蚓中,拌入量以所有蚯蚓体表都沾有药剂为度。若不是长期保存的,可酌情减少防腐剂量。将拌好的蚯蚓投入绞肉机中,反复绞 2~3 次即可进行冷冻保存,一般可存放 3 个月。绞浆后当天加入动物饲料最好。

3)研磨加工法 此法仅限于用量小的家庭加工方法。将消过毒的蚯蚓先以 80℃的水烫死,加入少许的防腐剂后,先用碾槽碾碎,再转入研钵中进行研磨而成。

(二)用作中药材的蚯蚓的采收和加工

1. 传统药用的加工方法

中医称用于治病的干蚯蚓为地龙,见图 1-20。在我国乃至东南亚,蚯蚓作为药用已有悠久的历史。中药地龙的加工方法是:

图 1-20 药用蚯蚓

(1)药用蚯蚓的采收与消毒 药用蚯蚓均为采收的成蚓,采收和消毒方法如前。

（2）药用蚓的加工　先炒沙，后烧烤。①先将洗干净的河沙用铁锅炒至 60℃左右，然后将消过毒的蚯蚓晾干体表的水分后倒入热沙锅内翻炒至死。要求文火慢炒，炒至蚓体表现脱水并收缩时，即可同河沙一起出锅，盛入筛中迅速过筛，筛出河沙，留下蚓体。但不能炒至枯黄。②烘烤：烤箱定温 60℃，将炒至脱水、收缩的蚯蚓放入 60℃的恒温烤箱中，也可以堆在阳光下晒，并反复翻动，烘或晒至干透，晾凉后进行防潮包装即可作药用地龙出售。

2. 现代医学对蚯蚓药用价值的开发

现代医学对蚯蚓的药用价值又进行了深入研究，并研制生产出新药。研究证明，蚯蚓对人体具有很好的镇静作用和抗惊厥作用。

中医认为，地龙具有活血化瘀、通络的功效，在众多抗凝、溶栓治疗中具有很重要的作用。1983 年国际血栓学会上，日本美恒首先报导从蚯蚓中提取出一种可溶解血栓的酶——蚓激酶。1987 年中国科学院生物物理研究所与江西省江中制药厂协作，研制出国产蚓激酶（博络克）口服制剂。首都医科大学宣武医院等医院应用蚓激酶治疗脑血栓病，治疗 453 例总有效率达 93.73%，显效率为 73.6%。1994 年初，这项成果被青岛建青实业总公司以 1 500 万元买断。

（三）用作饲料的蚯蚓的采收和加工

蚯蚓在动物饲料中添加大致能起到三方面的作用：饲料中动物性蛋白，为动物提供大量必需氨基酸，对动物的生长及繁殖具有显著的加速作用；生殖腺发育的促进剂；惯食性水产动物的诱食剂。

1. 蚯蚓作饲料中动物性蛋白的应用

蚯蚓的折干率为 12.5%，即 1 000 克鲜蚯蚓完全晒干，能够得 125 克干品。蚯蚓粉在肉鸡等动物的饲料加入量见表 1-1。

表 1-1　蚯蚓粉在以下动物某阶段饲料中加入量

动物种类	生产发育阶段	加入量(%)
肉用鸡	培育全程	2.5～3.0
肉鸽	产蛋阶段	2.0～2.5
育肥猪	育肥阶段	2.5～3.0
鱼类	催肥性饲料中	3.5～6.0
特种水产	催肥性饲料中	5.0～8.0

蚯蚓粉的加工方法：

(1)蚯蚓干的加工　参考前文。

(2)蚯蚓粉的加工　将烘烤干的蚯蚓加入1%的碘性防腐剂,拌均匀后用粉碎机进行粉碎,碎蚓粉过80目的筛,筛出的细粉即为饲料用粗蛋白粉。

2. 蚯蚓作动物生殖腺发育的促进剂

实验证明,长期食用蚯蚓的种蛙与未食用蚯蚓的种蛙相比,产卵量提高23.8%,卵的孵化率提高41.2%,蝌蚪成活率提高11.7%。

(1)种鳖喂鲜蚯蚓的好处　春季,当水温达到20℃以上时,水温随气温上升而上升时,每晚的饲料中加入5%的鲜蚯蚓,可使种鳖提前10～15天产卵。

(2)种鳝、种蛙饲料中加鲜蚯蚓的好处　种鳝和种蛙在产卵期到来前1个月开始投喂鲜蚯蚓,可使种鳝、种蛙产卵量提高,卵品质好,以后的管理也轻松、顺利。

(3)种鸡、种鸽、种鹑喂蚓粉的好处　在以上3种特禽饲料中加入3%～5%的蚓粉,在整个产蛋期内,产蛋量提高,种蛋受精率提高3.8%～7.6%。

(4)种畜和种兽饲料中加入蚓粉的好处　对哺乳期母猪、母兽在其日粮中加入5%～8%的蚓粉,可使其泌乳量增加20%～40%。但是对家畜、母兽不能喂生鲜蚯蚓和生蚓粉,以免引起寄生虫病和R-蚁酸中毒。

蚯蚓为猪下奶配方:用200克鲜蚯蚓煮至半熟捞出,打成浆,再准备红糖 50 克、神曲 30 克、猪苓 20 克、绞股蓝 50 克。先将神曲、猪苓、绞股蓝用少量的水煎出药液,再将药液与蚯蚓浆、红糖拌和后喂母猪,母猪泌乳量显著增加,且仔猪生长迅速。

3. 蚯蚓作惯食性水产的动物诱食剂

有些特种动物,例如黄鳝、大鲵、鳖等有一种惯食性,即更换饲料原料后不能很快适应新饲料。但如果在新饲料中拌入蚓粉或鲜蚓浆,甚至拌入少量的鲜蚯蚓,便会使其马上接受新饲料。由于蚯蚓这种特殊诱食作用,也可以用蚯蚓的诱食作用捕获这些野生个体。

4. 蚯蚓喂畜禽应注意的问题

蚯蚓及其制品作为畜禽、特种陆生动物和特种水产动物重要的饲料原料,是越来越被人们重视,但也发生过在养殖过程中因用量过大产生不良效果的。这里为读者提供一个经验用量,以作参考。

(1)蚯蚓在养禽业上应用参考量　鲜蚯蚓的投喂量一般不超过日粮的 20%。雏禽喂蚯蚓的时间不能过早,须 10 日龄后开始投喂,鲜蚯蚓投喂量不要超过 5%,3 周龄以上可增加到 10%,6 周龄时可增加到 15%。熟蚯蚓或蚓粉初次投喂时间可提前。

(2)蚯蚓喂家禽和毛皮兽的参考量　以蚓粉和熟蚯蚓为佳,且忌较大量投喂生鲜蚓。因活蚓体内含有一种 R-蚁酸,具有麻痹内脏的作用,会引起消化系统麻痹,导致其功能降低,影响食欲。所以,对哺乳类动物,蚯蚓投喂量不能超过日粮的 10%。

(3)蚯蚓作为鱼类饵料的应用　用蚯蚓作鱼类和特种水产动物饵料,投喂可占日粮的 60%~70%,甚至不受限制。但是,死蚓不能用。因蚯蚓死后会立即产生出一种溶解酶对蚓体分解水化,奇臭难闻。

经国内外不少专家测定,凡长期食用蚯蚓及其制品的畜禽,其呼吸频率相对降低。这是因为蚓激酶的作用。因蚓激酶能增强动物体的微循环强度,降低能量消耗,增强抗病力,氧气用量减少,也能大幅度提高动物的成活率。

七、蚯蚓疾病防治

蚯蚓的疾病分为以下四大类,即生态性疾病、细菌性疾病、真菌性疾病和寄生虫性疾病。

(一)生态性疾病

1. 毒气中毒症

(1)病因　养殖土底层老化,且长时间不透气,大量的二氧化碳存在于养殖土内,导致蚯蚓缺氧而涌向养殖土表层,继而养殖土深层厌氧菌、硫化菌大量繁殖,使大量的硫化氢、甲烷等有害气体不断溢出,造成蚯蚓中毒而死。

(2)症状　中毒初期,大量蚯蚓涌到养殖土表层,有逃离的趋势;继而背孔溢出大量黄色液体,蚓体迅速瘫痪,成团死亡。该中毒症状与农药中毒、食物中毒极易混淆,有两种现象可帮助区别:一是农药中毒时,有挣扎现象,少有成团成堆而死亡,且蚓尸易被水解;食物中毒多死于饲喂器四周,也少有聚集状尸堆出现。

(3)防治方法

1)养殖土通风　养殖土保持良好通气性,氧气在深层土中充足,方可保持养殖土中小环境良好。

2)及时换老化养殖土　清除蚓粪,投入增氧剂,保持养殖土内氧气充足。

3)立即往蚓池中喷洒清水　即将养殖土全部挖出,薄层摊于阴凉、通风处,必要时用电扇吹风,加速驱散毒气。

只要及时处理,不需用药,也不会出现大批死亡。

2. 食盐中毒症

(1)病因　食盐中毒为偶发事故,一般为直接取用了腌菜厂或酱油厂的废水、废料所造成。这类原料不管是用于基料或是用于饲料,只要配入后含盐量超过 1.2%,都将引起食盐中毒。有时从酒店、食堂取用的残羹剩菜含盐量较高,同样会使蚯蚓产生中毒反应。

(2)症状　发病急,先有剧烈挣扎状,很快趋于麻痹僵硬状。体表无渗出液溢出,也无肿胀现象,体色逐渐趋白且湿润。尸体腐败、发臭,发育较迟缓。及时处理还可以作商品蚓用。

(3)防治方法 ①一旦发现蚓池有盐中毒蚯蚓,应立即清除发病处基料,并用清水洗泼。②中毒面积大且严重者,立即将中毒处养殖土全部浸入清水,数分后,将养殖土清除,更换浸泡清水 1~2 次,待水中蚯蚓再无挣扎状,放水取出蚯蚓,放入新鲜基料中保养。③收集基料原料时要严格把关,含盐偏高的原料一律不得使用。

3. 酸中毒症

(1)病因 基料或饲料中含碳水化合物较高,这些物质在有益菌分解后,基料或饲料偏酸性,被酸化的环境能造成蚯蚓体液酸度升高,身体酸碱度失衡,从而导致体表黏液代谢紊乱;酸化的饲料如果长期被蚯蚓摄食,更会引起蚯蚓的胃酸偏高。这种偏高的胃酸如果稳定或继续走高,蚯蚓食管中的石灰腺所分泌出的钙便不足以中和酸碱度,这时蚯蚓会出现酸中毒。

(2)症状 酸中毒症初期,蚯蚓拒食,并有离开养殖土逃走的趋势,如果酸中毒症延续 15 天左右,蚓体明显瘦小,且体表无光泽,进而逐渐萎缩,并全部停止产卵。如果载体酸度继续提高,pH 降至 4.8 以下,出现全身性痉挛状,环节红肿,体长便明显缩短,体表黏液增多而变稠,这时蚯蚓钻出养殖土,在其土表转圈爬行,出现体节变细、断开,最后全身泛白而死亡。

(3)防治 ①用清水往养殖土中浇,反复换水浸泡,并通风换气。②向养殖土中喷洒碳酸氢钠水溶液或熟石灰进行中和。其用量根据测试结果而定。③彻底更换基料,清除重症蚯蚓。

4. 碱中毒症

(1)病因 ①误施碱性水,如新鲜的、高剂量的消毒水,生石灰消毒水、漂白粉消毒水等。②误加未发酵过的碱性基料。③养殖土湿度长期过大,或蚓池池底积存污泥得不到清除,加之养殖土透气性不良,使蚓床下层氨氮积聚过量,pH 随之升高,pH 达 8 以上,即可造成蚯蚓碱中毒。

(2)症状 蚓体麻痹、僵化不爱动,继而挣扎、钻出养殖土,全身水肿膨胀,最后体液由背孔涌出,蚯蚓出现僵硬而死亡。

(3)防治方法 ①用清水浇在养殖土中,反复换水浸泡,并通气。②将食醋或过磷酸钙细粉以清水稀释喷入养殖土中进行中和。以养殖土恢复中性为原则。③彻底更换基料,清除重症蚓体。

5. 萎缩症

(1)病因 ①饲料营养水平较低或饲料品种单一,导致蚯蚓长期营养不良。②养殖土中温度长期高于 28℃以上,造成蚓体代谢抑制。③蚓池太小,或养殖土太薄,导致遮光性太差,蚯蚓长期受光,造成蚓体代谢紊乱。④养殖床内温度长期处于 18℃以下,或高温在 28℃以上,新陈代谢受阻。

(2)症状 蚓体细短,色泽深暗,且反应迟缓,并有拒食现象。

(3)防治方法 ①保持良好的生态环境,并且维持养殖床微生态系统平衡。②将病蚓转移到正常蚓池中与正常蚓混养,使之逐步恢复正常。此病多属管理失控所引起,一般不会产生严重后果。

(二)细菌性疾病

1. 细菌性败血症

(1)病因 本病病原体为沙雷氏菌属中的灵菌,通过蚓体表皮伤口侵入血液,在蚓体内大量繁殖而损伤了蚯蚓的内脏,导致其死亡。本病有较高的传染性,受伤蚓一旦接触到死蚓即能被传染。

(2)症状 病蚓行为迟钝、瘫软、食欲不好。继而吐水、下痢,伴有肿胀,并很快发生水解腐臭的状况。

(3)防治方法 取病蚓血液涂片,以 600 倍显微镜头观察确诊,如发现病原菌,即可马上进行治疗。①清除病蚓,并对养殖土进行清理。②稀释 200 倍的病虫净水溶液进行全池喷洒消毒。每周 2～3 次灭菌即可。③禁止用铁锹、铁铲挖取蚯蚓或养殖土,以防弄伤蚯蚓。有的养蚓者常用木耙清换基料,但由于木耙齿较钝,对蚯蚓的伤害很大,故还是采用较尖利的铁耙为好。

2. 细菌性胃肠病

(1)病因 本病病原很多,例如大肠杆菌、沙门氏菌、球菌、链球菌等,在蚓体消化道内都能引发肠胃病。一般在高温、高湿的环境里最易发生。基料发酵得好,可能不会发生本病。

(2)症状　病蚓患病初期就不吃食,进而钻出养殖土瘫软在土的表面,并频频吐液,3天左右死亡。镜检可以观察到肠道内有球菌和杆菌。

(3)防治方法　将病蚓放在稀释400倍的病虫净溶液中,并在容器内斜放一木板,让病蚓浸液消毒后顺木板爬出液面,收集爬出的病蚓,将其投入新基料中。凡无力爬出的均视为染病者,应予消除。

(三)真菌性疾病

1. 绿僵菌孢病

(1)病因　本病的病原体为绿僵菌,喜偏低温度,蚯蚓在春、秋季会发生本病。春季随着气温升高,本菌的孢子弹射能力、萌发能力降低,致病力随之减轻。秋季正好相反,由早秋到晚秋随着温度降低,发病率会升高。

(2)症状　蚯蚓发病初期无明显症状,当发现蚓体体表泛白时,蚯蚓拒食,不久死亡。死蚓体表白而出现干枯萎缩环节,口及肛处有白色菌丝伸出,并逐渐布满体表。再经过7~10天,菌团中担子梗上出现深绿色的分生孢子,呈淡绿色,并可见到豆荚状绿僵菌丝。如不能及时处理蚓池小环境,整个池内养殖土都会污染,并传播到别的蚓池。

(3)防治方法　①清除病蚓,并立即更换全池养殖土。②每到春、秋季进行消毒灭菌,每10天1次,以稀释400倍病虫净溶液喷洒养殖土1次,喷洒量为每平方米500~1 000毫升,也可以对场区进行全面灭菌。③每周用电子消毒器杀菌一次,每次30分,开机后即用塑料膜罩住被杀菌的蚓池。

2. 白僵病

(1)病因　本病是由白僵菌感染所致。但该病菌一般对蚯蚓不构成群体感染,只有当白僵菌在生长过程中分泌的毒素被蚯蚓吞食时,才会致蚯蚓中毒死亡。这种可能性不多,所以不会给养蚓造成威胁。

(2)症状　患病蚯蚓暴露在养殖土表面,体节呈点状坏死,继而蚓体断开,很快僵硬,并逐渐被白色菌丝包裹。病程一般为 5～6 天。

（3）防治方法　治疗方案同绿僵菌孢病。

(四)寄生虫性疾病

1. 毛细线虫病

（1）形态特征　虫体细如线,其表皮薄而透明,头尖细,尾端尖削但有些钝。口与食管直通,食管细长,由许多单行排列的食管细胞组成。食管与较粗大的肠连接。雌虫体长 6.2～7.6 毫米,最宽处 0.054～0.07 毫米;卵长 0.054～0.06 毫米,宽 0.024～0.029 毫米。雄性虫比雌性细小,体长 4～6 毫米,宽 0.049～0.059 毫米。

（2）危害性　毛细线虫是水生寄生虫,取水草作基料时,带入蚓池而使蚯蚓被感染。该虫一旦进入蚓体便寄生在肠壁上和腹腔,大量消耗蚓体营养物质,并引起炎症,导致蚓体瘦小或死亡,同时患病蚓不断排出大量虫卵,造成很大危害。

（3）症状　病蚓经常挣扎状翻滚,体节变黑变细,并断为数节而死亡。

（4）防治　该虫体在蚯蚓体内难以杀死,但该虫卵必须由宿主蚯蚓排出体外才能孵化出幼虫,所以对养殖土中的幼虫进行药物杀灭效果好。方法是每周喷洒 1 次稀释 400 倍的病虫净,直至治愈。另外,虫卵在 28℃ 以上方能孵出幼虫,若将养殖土温度经常控制在 25℃ 左右,可以控制蚓池中不会发生毛细线虫。

2. 绦虫病

（1）病原体　绦虫种类很多,对蚯蚓造成威胁的仅发现短颈鲤蠹。其虫体常在鲤鱼、鲫鱼肠道中发现,蚯蚓只是该虫体的中间宿主之一。

（2）危害性　本病多发生在夏季,但群体发病的机会很少,多为散发,所以造成危害的可能性不多见。若发生绦虫病也是池中某一片位置有些个体发生本病死亡。

（3）症状　肠道并发炎症,严重者出现肠道坏死,蚯蚓一次性多处断节而死亡。

（4）防治方法　①清除发病区养殖土。②将苦楝子 7 份、刺蒺 3

份,粉碎拌入1 500份饲料中喂蚯蚓,连喂 3 天,停药 3 天然后再喂 3 天即可治愈。③用稀释 600 倍的病虫净喷洒养殖土,以杀灭寄生于蚓体和基料中的虫卵。④严禁投喂生鱼杂。

3. 吸虫囊蚴病

(1)病原体 病原是扁弯口吸虫,该吸虫囊蚴寄生在蚯蚓环节带中所引起的吸虫病。其成虫寄生于鹭科鸟类咽喉中,中间宿主多为螺、蜗牛、蚯蚓、鱼等动物。该病分布极广,受危害最严重的是鱼类。对蚯蚓来说,主要是管理不善引起的感染。

(2)危害性 蚯蚓感染并发环状带发炎、坏死,引起肌肉充血而死亡。

(3)症状 发病初期蚯蚓环节流黄色浓液,继而肿大。2~3 天后开始萎缩坏死,有时环带处断开。此时多有全身性点状充血紫斑,并萎缩而死。

(4)防治方法 防治方法如绦虫;控制鸟类飞进蚯蚓养殖区。

4. 蚤蝇

(1)病原及危害 病原为蚤蝇,主要占据蚓池养殖土上层,使蚯蚓不敢爬向表层,严重降低产卵率和卵的孵化率及幼蚓成活率。大量消耗蚯蚓饲料,破坏和污染蚯蚓生态环境。

(2)蚤蝇形态特征 成虫体长 8 毫米,灰黑色。头较小,复眼大。胸部发达,背隆起;翅宽大透明。腿节宽而发达,腿上有刺毛。腹侧扁,第一至第二节短小可见。卵长约 0.2 毫米,色乳白,长而弯,光滑。幼虫体长 1.6 毫米左右,前窄后宽,可见 12 节,体壁侧面每一节上有一小突起,末 1 对突起上正好为一发达的后气门。自身乳白色。蛹长约 0.9 毫米,纺锤状。初期为白色,逐渐变为黄白色,孵化前为黄棕色。腹面平,背面隆,胸背面有 1 对角状突起,尾端有刺状突起。

蚤蝇每年的 4~11 月为其活动期,5~11 月为其活动旺期。成虫在活动旺期活泼善跳,趋光性较强,多活动在蚓池养殖土上。幼虫喜欢腐熟的基料和大量酶解过的营养成分。蚤蝇在 18.3℃时,卵期为 3 天,幼虫期 14 天,蛹期 21 天,成虫期 7 天;在 23.9℃时,卵期为 2 天,幼虫期 8 天,蛹期 10 天,成虫期 4 天。雌成虫繁殖倍数为 60

倍。

（3）防治方法　①用稀释 400 倍的病虫净喷洒养殖土表面。②用水浸法驱除成虫。即用清水浸泡养殖土，使水浸没养殖土面，将成虫溢出去。③用灯光诱杀。将一盏黑紫光灯悬于池边，灯下放一小火炉。成虫有趋光性，飞起趋向灯时，即掉进火炉烧死。

5. 粉螨

（1）形态特征　粉螨种类繁多，危害较大。形态特征为体圆色白，须肢小而难见。其前足体与后半体之间有一横沟，被毛参差，多数很短，在 20 对以下；若背毛长则呈栉齿状。雌性有红吸盘，生殖孔呈"人"字形，有 2 对生殖吸盘。

（2）危害性　该虫以真菌分解物为食，对食用菌菌丝及基料危害较大，若以食用菌废基料作蚯蚓的基料主料，如果处理不当，粉螨会在其中大量繁殖，造成蚯蚓长期躲避，抑制产卵，有的出现蚯蚓群体逃离。

（3）防治方法　用 0.05％CJ50 长效灭蚊剂，以细雾状喷在养殖基料上，1～2 次即能杀灭，对蚯蚓不造成损害。

6. 跳虫

跳虫又名跳跳虫，其种类很多。

（1）形态特征　成虫体长 1～1.5 毫米，像跳蚤。短角须，足 3对，无翅。活动环境多为粪肥堆、腐尸体、食用菌床、糟渣堆处。尾部较尖，有弹跳能力，弹跳高度 2～8 厘米。以弹跳方式活动。体表有油脂，可浮于水面。幼虫形同成虫，色白，休眠后脱皮转为银灰色。卵为半透明白球形，常产在养殖表层。

（2）生活习性及危害　跳虫一般能繁殖 6～7 代。温度在 20～28℃时繁殖旺盛，常群集在养殖土表面，啃啮基料使其成粉末状，并直接咬伤蚯蚓，致其死亡。

（3）防治方法　防治方法如粉螨的防治。

第二章　地鳖养殖关键技术

地鳖又称土元,近些年来由于旧房翻新,油房、粮仓等木地板改为沥青、水泥地坪等,使地鳖失去了自然生存的场所,因此单靠捕捉自然生长的虫子远远不能满足国内药用和出口的需要。为了广开药源,全国许多地方进行了人工饲养,取得了显著效果。人工养殖地鳖是一项成本低、收益高、管理方便、设备简单、食料广泛、繁殖力强、适应性广、不与粮棉争地、不同作物争肥、利国利己的副业项目,集体、家庭和个人都可饲养,很有发展前途。

一、概　　述

地鳖入传统中药材的有中华真地鳖、冀地鳖、云南真地鳖、西藏真地鳖、金边地鳖等几个种。地鳖的中药材商品名为土鳖虫,俗称土元、地乌龟、土退、土王八、土爬爬、蚵蚾虫、壳泡虫、簸箕虫等。

(一)地鳖的应用价值

地鳖中药记载性味咸、寒,有毒;入心、肝、脾三经;功效有逐瘀、破和、通络、理伤。主治症:瘕(包块、肿块、肿瘤之意)、积聚、闭经、产后瘀血腹痛、跌打损伤。

近代开展人工养蝎、人工养蜈蚣,因这些动物都是以活虫为食,加之地鳖人工养殖技术不高,且可以集约养殖,所以又作为养蝎、养蜈蚣的饲料进行开发,解决了名贵动物中药材的人工养殖的问题。

1. 地鳖的有效成分

现代医学手段对地鳖的化学成分进行测定,证明有效成分有四方面的特点:

(1)氨基酸含量高　约占其体重的40%,其中人体必需氨基酸占氨基酸总量的30%以上。

(2)人体必需微量元素含量较高　如铁、硒、锌、锰、铜等。

(3)不饱和脂肪酸含量高　如棕榈油酸、油酸、亚油酸等,其中油酸占脂肪酸的74.68%～86.32%。

(4)含有生物活性物质　如β-谷甾醇、鲨肝醇、尿囊素等。

2. 地鳖的应用

（1）作活饵料　饲养名贵药用动物，如蝎、蜈蚣、哈士蟆等。

（2）药用价值　①对白血病、肝癌、胃癌等有抑制作用，对恶性肿瘤有改善症状的作用。②调节血脂、血压，溶栓的作用。③可降低脑、心脏组织的耗氧量，提高其对缺氧的耐受性。④还有消炎、解毒、镇静等作用。⑤地鳖还与其他中药配成方剂，对乙型肝炎、脑梗死、腰疼等顽症有很好的治疗效果。

（二）人工养殖地鳖的意义

随着中医药的发展，地鳖在中药中的应用愈来愈广泛，目前地鳖配制的中成药有 100 多种，特别是骨伤科的药更离不开地鳖。据报道，当前紧缺的中药材有 62 种，其中包括地鳖，某制药厂每年加工中成药就需要地鳖 50 吨。过去地鳖药材靠捕捉野生资源而取得，随着农村人口增加、地面硬化，农家院内失去了地鳖生存的环境，农田使用农药、化肥，地鳖野生资源迅速减少，捕捉野生地鳖供给中药生产远远满足不了日益增长的国内中成药加工的需要，收购价在不断上涨，2017 年干品收购价 45 元/千克左右，2019 年涨至 55～60 元/千克。人工养殖地鳖可以缓解供求矛盾，平稳原药价格，为人类健康做出贡献。

另外，推广地鳖养殖技术，为农民增加了新的养殖项目，对调整农业产业结构、增加农民收入有重要意义。人工养地鳖饲料来源广、耗料少、成本低、饲养设备简单，是农民家庭副业的好项目。买 1 千克卵鞘 2 万粒，每个卵鞘中有卵 7～20 枚，80% 卵鞘都能孵出若虫，平均每个卵鞘孵出 12 个若虫，即可孵出 19.2 万只若虫，小若虫 60% 育成成虫，可培育出 11.52 万成虫，每 1 200 只成虫加工成 1 千克商品地鳖，可生产 96 千克，按每千克 55 元计算，收益 5 280 元，除饲养成本 2 000 元左右，利润 3 280 元。每年购买 10 千克卵鞘，年纯收入 3 万多元。这对家庭经济收入也是一种补充。

二、地鳖的形态特征

(一)地鳖的外部形态

据资料记载,在我国分布最广、药用价值高的是中华真地鳖,外部形态介绍以中华真地鳖为模板详细介绍。地鳖外部形态呈椭圆形,分头、胸、腹三部分。身体的外表被一层坚硬的壳状物包裹,称外骨骼。外骨骼可以保护和支撑体内柔软的组织和器官不受损伤。同时还可以防止体内水分散发,使地鳖能更好地适应陆地生活。外骨骼形成后不能伸长,所以地鳖不能随着生长而逐渐增大,它的生长发育过程中有蜕皮现象,每蜕皮1次就生长1次,雄虫一生蜕皮8次,雌虫一生蜕皮10~11次才能发育为成虫。地鳖身体结构如图2-1。

图2-1 地鳖身体结构示意图

成年雌虫和雄虫的外形不同。雌成虫体长2~3厘米,宽1.5~2厘米,形如龟鳖,黑色而具有光泽,腹部和足呈棕色。雄虫体长2厘米,宽1.2厘米,前胸前缘呈波状,具有翅2对,前翅革质,后翅膜质,呈淡灰色,并有较深的灰斑。雄成虫借助翅可做短的飞行。平时折叠如扇,藏于前翅下,善走能飞,但不常用翅。雄虫腹部灰白色,头上生有

雌

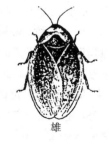

雄

图2-2 成虫形态

两根比雌虫长约1倍的触须,外形像蟋蟀,但体形较小,体色也不同。成虫雌、雄形态见图2-2。

地鳖的身体结构可分为头、胸、腹三部分,分述如下:

1. 头部

头很小,隐在前胸的下面,觅食时伸出,是感觉和取食的中心部位。头顶部有 1 对丝状触角,长而分节,基部位于复眼的前端。它是触觉和嗅觉器官,具有嗅、味、触、听的功能。

眼分单眼和复眼,复眼 1 对在头顶的两侧,2 个单眼在复眼之间。复眼是由很多单眼组成的,不仅能感光,而且能辨认物体的形状和大小,有视途和视物作用。单眼结构简单,主要起感光作用,可以对光线定位,感觉光线的强弱。

在头的前方,长着咀嚼式口器(图 2-3),可以取食固体物质。口器由 1 片上唇、1 对上颚、1 片舌和 1 对下唇、1 对下颚组成。起主要作用的是上颚,上颚不分节,坚而有齿,能咀嚼和撕咬食物。

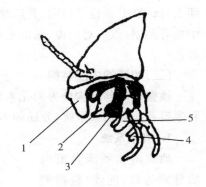

图 2-3 地鳖的口器
1. 上唇 2. 上颚 3. 舌
4. 下唇 5. 下颚

2. 胸部

胸部由前胸、中胸、后胸三体节构成,是地鳖的运动中心。背面由块鳞状板组成(图 2-4),前胸背板前窄后宽,近似三角形,遮住头部。中胸和后胸较狭窄,两侧及外后角向下延伸,各节腹面均有 1 对足,为步行足,从基部到末端分为基节、转节、腿工、胫节、跗节,跗节又由 5 节组成,末端有爪 2 个,生有若干毛刺,适于攀爬行走。

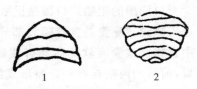

图 2-4 胸腹结构图
1. 雌成虫胸正面结构
1. 雌成虫腹正面结构

3. 腹部

腹部分节明显,背面节分 9 节,背板质地坚硬(图 2-4),是地鳖消化、吸收和繁殖的中心部位。腹面质较软,体节之间由节间膜相连,它和两侧的膜质部分一样,有较大的伸缩性,呈一窄缝状,第八至第九节腹节背板亦缩短,藏于第七腹节的背板凹口内,第九节生有尾须 1 对。肛上板扁平横向,其后缘平直,与侧缘形成显著角度。后缘中央有凹陷,似一对门齿,露出尾端。腹部的末端有肛门孔及外生殖器。

(二)地鳖的内部结构

地鳖的内部结构分为消化系统、呼吸系统、循环系统、排泄系统和生殖系统等几大系统,分述如下:

1. 消化系统

地鳖消化系统自前向后分别为口、前肠(包括咽喉、食管、嗉囊三部分)、中肠(包括前胃和胃部两部分)、后肠(包括小肠和直肠两部分)和肛门(图 2-5)。

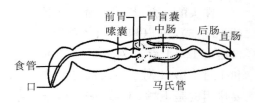

图 2-5　地鳖消化道模式图

口周围的咀嚼式口器是摄取食物的器官,它将食物咬碎后吞下,进入嗉囊。嗉囊是食管膨大部分,是暂时储存食物的地方。在嗉囊中食物被嗉囊液软化后黏合成团。之后为一膨大而肌肉丰厚的前胃,前胃的内壁具有外骨骼形成的齿状突起,可以继续研磨食物,把进入前胃食物研得更细,同时还能阻止未经研磨的食物向下运送。前胃的后端还有一向前突入的贲门瓣,也有防止粗糙食物进入胃的功能。

胃是消化和吸收的主要部位,呈囊状。胃的前端有向外突出的多条的胃盲囊,借以增加消化与吸收的面积。胃的内壁有一层食物膜,有防止食物擦伤胃壁的作用,这层食物膜可以随时受破坏而脱落,脱落后还可以重新形成。另外,胃壁的细胞能分泌消化酶,可对食物进行彻底消化吸收。食物的残渣及水分进入肠,在小肠中吸收多余的水分后,在直肠中形成粪便,并通过肛门排出体外(图2-6)。

图2-6　中华真地鳖雌成虫消化系统图

2. 呼吸系统

地鳖以气管进行呼吸,这些气管将空气直运送到组织中去进行气体交换。气管在体壁上的开口叫气门,通常位于中胸、后胸和腹部各节的两侧,它与体节上的气管相连。气管再分支成为微气管,分布在各种组织中,体节上的气管通过气门与外界相通,气门有活瓣,可控气门自由开关,保证气体进出畅通。一般生活在潮湿条件下的气门开得大,而且是开放式的。

3. 循环系统

地鳖的循环系统与其他昆虫一样,是开放式循环,血液自心脏流出后,经过动脉进入血腔中运行,最后通过心孔回到心脏。由于血液在血腔中流动压力比较低,这样可以避免由于附肢断后而引起的大出血,这是对创伤的一种适应。

心脏呈管状,位于腹部体节的背面,每节有1个膨大的心室,各心室有1对孔,心孔具有活瓣,能控制血流方向。血液包括血浆和血细胞,但细胞中不含血红蛋白。因此,血液中只能带很少的氧气,其主要功能在于运送养料、分泌物和代谢产物。

4. 排泄系统

地鳖的排泄管为马氏管。马氏管是消化管向外的突起,在血腔之中,它能从血液中收集各种代谢废物,送入肠中,同粪便一起排出体外。所有马氏管均通过一段粗而短的基管,开口于中肠后端。马氏管弯曲折叠于中、后肠周围,与很多气管缠结在肠道上,可随肠道蠕动,将尿酸等排泄物排出肠壁,带出体外。地鳖排出的废物像其他陆生昆虫一样,主要成分是不溶于水的尿酸,因此在排出时不会消耗大量体内水分,这是对干燥环境的一种适应。

5. 生殖系统

地鳖雌雄异体,雌性生殖系统如图 2-7,位于消化道的背面、侧面和腹面,包括 1 对由中胚层起源的卵巢和与之相连的侧输卵管,后者通入中输卵管,最后以阴道开口于第七腹板后缘腹产卵瓣基部。在阴道两侧各有一不规则的叶状生殖副腺。

1   2

图 2-7　中华真地鳖雌性生殖系统
1. 雌性生殖系统　2. 产卵器

(1)卵巢　中华真地鳖卵巢每侧都有 8 条卵巢管,卵巢管为典型的无滋式,基部粗,端部细,端部为一端丝,并集合为一悬带,借以将卵巢悬于体腔壁或背隔上,端丝下方连着一串逐渐增大的卵室,卵室直接同卵巢萼相连,再由卵巢萼通向输卵管。

(2)侧输卵管　侧输卵管左右各 1 条,由消化道的背面延伸到两侧,最后达到消化道下方,汇合成 1 条中输卵管。

(3)中输卵管　中输卵管位于消化道腹面,约相当于第七腹节处。黑翼地鳖的中输卵管虽短,但仍较明显,由中输卵管通往阴道。而中华真地鳖无中输卵管,是由侧输卵管直接通向阴道。

(4)阴道　亦称生殖腔,向外以生殖孔开口于腹部产卵瓣基部。

(5)副性腺　位于阴道两侧,左右各 1 个,不规则叶状,开口于阴道。当雌虫产卵时,能分泌黏性物质,使卵黏结成卵鞘。

(6)产卵瓣　属外生殖器,由第八、第九腹节的附肢演变而来,分腹产卵瓣、内产卵瓣和背产卵瓣 3 对,因在土内穴居生活,已大为退化,但保留其构造,隐于肛上板和末腹板之间,其中以中华真地鳖的产卵瓣骨化较强。

地鳖雄性生殖器官在消化道背面,左右各 1 个精巢,它由若干条小管组成,能产生精子。与精巢相连接的是输精管,是末端膨大成贮精囊,是暂时储存精子的地方。两条输精管与一条射精管相连,射精管连结阴茎,与生殖孔相通。此外,在射精管的上端与能分泌黏液的副性腺相连,黏液有保护精子的作用。

(三)我国几种地鳖的形态特征

1. 中华真地鳖

中华真地鳖主要分布在我国河北、河南、山东、山西、甘肃、内蒙古、辽宁、新疆、江苏、上海、安徽、湖北、湖南、四川、贵州、青海等地。据记载,在宁夏回族自治区贺兰山麓一带的石下松土中也能找到。药用名为苏土元,是药材市场上销售的主要药用品种之一,也是人工养殖的主要种类。本书阐述的人工饲养管理方法,主要是以中华真地鳖为例介绍的。

(1)雌性成虫形态　中华真地鳖雌成虫身体扁平,椭圆形,背部稍隆起似锅盖。体长 3～3.5 厘米,体宽 2.5～3 厘米。背面紫褐色,稍带灰蓝色光泽,不同生活环境中的个体,色泽有差异。经干燥后颜色稍深,无光泽,腹面呈棕褐色。头小隐于前胸板下,觅食时头才伸出,并可见颈,口器为咀嚼式,触角丝状,黑褐色,前后粗细相等;复眼大呈肾形,凹陷的一侧围绕触角基部,2 个单眼位于两复眼中间上方。前翅背板前窄后宽接近三角形,中间有微小刻点组成的花纹,中胸和后胸较狭窄,两侧及外后角向下方延伸;腹部 9 节,第一腹板被后胸背板所掩盖,因而只能见到较短部分。第二至第七节宽窄近似,第八节及第九节向内收缩。肛上板较扁,后缘直,中间部位有一小切口,腹部末端有较小的尾须 1 对。胸部有 3 对足为步行足,较发达,善于爬行,基节粗壮,隐藏于胸部腹面的基节窝里,腿节长呈筒形,胫节多刺。前、中、后足的跗节都是 5 节,末端有爪 1 对。3 对足大小不相等,前足最短,长约 1 厘米,中足长约 1.7 厘米,后足最长,约 2厘米。

(2)雄性成虫形态　身体颜色比雌性浅,呈浅褐色,身上无灰蓝色光泽,但体表较雌性成虫鲜艳,披有纤毛。体长 3～3.5 厘米,宽 1.5～2 厘米。头略小于雌虫,触角明显粗壮。前胸背板色较深,宽大于长,前缘略呈弓形,3 对胸足略细于雌虫,胫节上的刺较长。翅 2 对,较发达,将中胸以下的各部位覆盖于翅下。前翅革质,脉纹清楚可见。后翅膜质半透明,翅脉黄褐色,平时似扇折叠于前翅下。腹部末端上方有尾须 1 对,其下方有两个较短的腹刺。

(3)卵鞘 多个卵包在 1 个肾形革质鞘状袋中,称为卵鞘。卵鞘长 1 厘米,宽 0.5 厘米左右。初产时卵鞘呈紫红色,略透明,逐渐变深,48 小时以后呈棕褐色。卵鞘表面有若干条稍弯曲的纵沟,即卵鞘内卵与卵之间的隔膜处。卵鞘较内陷的一侧较厚,另一侧较薄,有锯齿形钝刺,为胚胎发育成熟后若虫钻出卵鞘时的通道。每个卵鞘内有成双行互相交错排列着的卵 8～16 枚(图 2-8)。

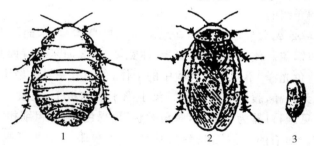

图 2-8 中华真地鳖形态图

1. 雌成虫 2. 雄成虫 3. 卵鞘

(4)若虫 地鳖的幼虫称若虫,自卵鞘中钻出到成虫这一阶段的幼虫统称若虫。刚从卵鞘中钻出的若虫,体外有层透明卵膜包着,为乳白色,形状似臭虫。自挣脱体表那层卵膜后即可以爬行,且爬行较快、活泼,24 小时后体色变为黄褐色。随着龄期的增加,体色逐渐加深,到老龄时出现紫褐色光泽。

雄虫在未长翅以前与雌虫相似,但仔细观察可以看出有几点区别:胸部的背面第二至第三节组成弧角的大小,雌若虫约 70°左右,雄虫仅 40°左右(图 2-9、图 2-10);腹下横线,雌虫为 4 条横线,雄

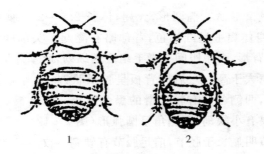

图2-9 雌、雄若虫区别（胸背）

1. 雌若虫　2. 雄若虫

虫则有6条横线（图2-11）；腹部尾端触须处，横纹的是雄虫，横纹离触须有距离的为雌虫；爬行时雌虫6足伏地，雄虫6足竖起。

在生产过程区别老龄若虫雌、雄很重要，选出雌、雄若虫，留种的若虫可以搭配雌、雄；不留种的在雄虫未长出翅以前进行初加工，做中药材，不影响药用价值。

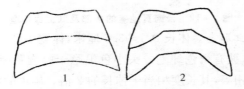

图2-10 雌、雄若虫区别（胸背）

1. 雌若虫　2. 雄若虫

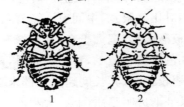

图2-11 雌、雄若虫区别（腹面）

1. 雌若虫　2. 雄若虫

2. 云南真地鳖

云南真地鳖主要分布于我国宁夏贺兰山山区、甘肃、青海、四川、贵州、云南、西藏等地。雌、雄异形，雄性有翅，雌性无翅。

(1)雌成虫形态 椭圆形,无翅,体长 2.5～2.8 厘米,体宽 2～2.3 厘米。身体扁平呈红褐色,背部略有隆起。头部颜色略浅于体色。复眼近肾形,两单眼间有微毛组成的纵列,唇基片呈弧形。前胸背板扁圆,宽大于高,中、后胸背板呈长条状,高只有宽的 1/4,腹部各节赤褐色,两侧各节有较光滑的黑色圆斑。肛上板宽大于高约 1 倍,末端中央有小缺刻,两侧角呈圆弧形(图 2-12)。各胸足跗节细长,中足跗节明显长于胫节,前足胫节有硬刺 9 枚。

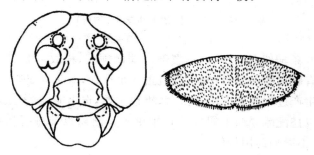

图 2-12 云南真地鳖的头部及肛上板构造

(2)雄成虫形态 体长 3.1～3.5 厘米,体宽 1.8～2.4 厘米。体扁平,棕褐色,披有褐色纤毛。头小色黑隐于前胸背板以下,触角鞭状,前后粗细相等,其长度相当于体长的 2 倍。雄虫的触角比雌虫的长而粗。复眼为咖啡红色,稍扁,两眼呈长肾状,在接近头顶部位时,两眼上角之间距离较靠近。两个单眼呈红褐色,大且明亮,中间稍有隆起,两单眼距离相对比复眼宽,中间有一条脊形突起相连接,上有黄色茸毛。前胸背板椭圆形,宽大于高,近前缘有黄色嵌边,黄边后呈赭红色,上有微红色或黄色微毛,背中央光滑,两侧稍下方有马蹄形小坑及皱褶。前翅较狭窄,其长度超过腹部末端,近前缘较硬,且革质化,向后达后缘呈半透明膜质,上有大小不等褐色散斑;后翅极薄呈乳白色透明状态,可见清楚的黄褐色翅脉,揭开后翅可见下面的背板呈黄褐色,在背板两侧每节上有圆形褐色气门 2 个。腹部驼毛褐色,3 对胸足黄褐色,前足胫节有粗刺 9 枚,其中中刺 2 枚,端刺 7 枚,上、下方的中刺都离端刺较远。

3. 西藏真地鳖

西藏真地鳖主要分布于我国西藏自治区的白朗地区,雌、雄异体,雌虫无翅,雄成虫有翅。

(1)雌成虫形态 无翅,体长 2.9～3 厘米,体宽 1.8～2 厘米。身体椭圆形,体色腹部背面橙黄色,腹面黄褐色,各体节间色稍深。前胸背板高 0.7 厘米左右,宽大于高近 1 倍,中胸及后胸背板均宽大于高 3 倍左右,腹部第一、第二节背部外缘为胸背后板所覆盖,其余各节均为宽窄不等的长条形,各节近外缘内侧有深色圆形气门斑。肛门上板表面有稀疏微毛,其后缘中部向后突出,中间切口较深,切口上方有较长的纵脊,向上伸延至前缘时消失。

(2)雄成虫形态 体长 3～3.8 厘米,体宽 1.7～1.9 厘米,不同个体大小差异较大。头部常隐于前胸背板下,触角丝状,约为体长的 1.5 倍,触角明显粗于雌虫,复眼呈长肾形,中间距离较远,眼的周围有茸毛。前胸背板前缘突起,后缘呈圆弧形,宽为高的 2 倍以上,从身体背面看很像斗笠,上面有密集的黄褐色微毛。前翅长条形,前缘呈弓形向外突出,中间略宽于两端,在脉纹间有稀疏的条形深色散斑,各脉上有黄褐色微细密毛。前足胫节有端刺 7 枚,中刺 2 枚,后足胫节有端刺 6 枚。体色似雌性成虫。腹部末端生殖板后缘坡度大,中间的缺缝长而明显,上有稀疏较长的棕红色毛(图 2-13)。

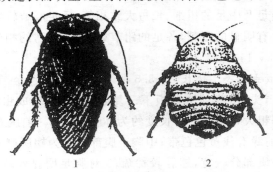

图 2-13 西藏真地鳖雄雌成虫

1. 雄成虫 2. 雌成虫

4. 冀地鳖

冀地鳖分布于华北和中原地区,如河北、河南、山西等地,以黄河流域的北侧较为普遍。冀地鳖又名锅盖虫,中药名为大土元,是我国药材市场上销售的主要药用地鳖种类之一。雌雄异体,雄虫有翅,雌虫无翅。

(1)雌成虫形态 体长 3.8~4 厘米,体宽 1.8~2.5 厘米,是药用地鳖中个体最大的。身体椭圆形,背部隆起呈盾牌状,全身棕褐色,密布着小粒状突起,无明显的光泽。头小隐于前胸背板下,平时很少外露,只有取食时才伸出,并可以见到颈部。口器为咀嚼式,向下方伸出。复眼扁圆稍有突起。触角丝状,细而短,只有体长的1/2。前胸宽大,背板略呈三角形,宽大于高,覆盖在头及前胸上方;中后胸扁宽,中间向内凹陷,胸部各节间有较细的浅色背线。腹部暗黄色,腹部第一节被后胸背板所掩盖,第二至第七节宽窄接近,向后逐渐变短,致使胸部从背面看像个半球形。腹部第七节背板后缘内陷较深,形成明显的缺刻,第八、第九节很短,隐于第七节背板下方。在第七腹节背板后缘凹陷处,可见到的一个小突起是肛门上板,中间缺口较明显。自前胸板前缘经侧缘至后胸背板两侧,以及腹部各节背板边缘均有橘红色至暗黄色隐形散斑。在腹部各节背板边缘的浅色隐斑内,有一不太明显的圆形小点,称气门,小点的外围有一深色圈,为气门围片。前足及中足的粗细、长短大致相等,后足胫节较发达,中、后足的胫节上有明显的距刺,各足的跗节第一节较长,约相当于后 4 节的总长(图 2-14)。

(2)雄成虫形态 体长 3~3.5 厘米,身体棕黑色至黑褐色,披有微细的纤毛,头小,隐前胸背板下。复眼肾形,较雌成虫略大一些。触角后半部粗大,端部纤细,长度约为体长的1/2。前胸背板呈半个斗笠形,近前缘有浅黄色色带;中胸至腹部末端为翅所遮盖;翅发达,前肢前缘革质部分较宽,翅脉较稀疏;3 对胸足明显较雌性成虫细,胫节的胫距较粗壮。其他特征与雌性成虫相同(图 2-14)。

(3)卵鞘 呈棕褐色,长 1.2~1.5 厘米,宽 0.2~0.6 厘米。卵鞘外形与中华真地鳖相似。每个卵鞘一般含卵 13~18 枚。

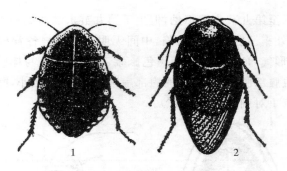

图 2-14　冀地鳖的雌雄成虫

1. 雌成虫　2. 雄成虫

（4）若虫　初孵出时体色呈乳白色，随着生长发育变为形似雌成虫，仅虫体很小。若虫期雌、雄鉴别与中华真地鳖相同。

5. 金边地鳖

金边地鳖主要分布于我国浙江、福建、台湾、广东、海南、澳门、香港等地。金边地鳖药用名为金边土元。

（1）成虫的形态特征　金边地鳖雌、雄成虫形态相似，其翅均已退化如鳞片，均为无翅型。雄性成虫体长 2.2～2.5 厘米，体宽1.4～1.6 厘米；雌性成虫体长 3.5～4 厘米，体宽 1.6～2 厘米。雌、雄成虫体态均为椭圆形、扁平，体色紫褐至棕黑色，雄虫体色稍浅。体表有微小刻点，有光泽，雄性成虫体色光泽较强。头小，经常隐于前胸背板下。复眼不发达，两眼间距离较宽。触角丝状，节间也分明。前胸宽大，约占 3 个胸节总长的 1/2，背板呈前弧后直的半月形，或近似三角形。前缘及侧缘有自前到后的逐渐变窄的橘黄色镶边，故有金边地鳖之称。镶边部位光滑，致使边缘内侧呈披有微型颗粒状的深色三角区；背线色较深，接近后缘的背线两侧，有两个向内弯曲的眉形纹。中、后胸背板宽窄相等，两侧可见有明显的、形态似鳞片的、但已经退化了的翅芽。背线棕黑色，两侧有波浪状斜纹。前、中、后足的腿节端部及胫节均具刺，且腿节端刺粗大，胫节的刺密而粗大。腹部第一背板被后胸背板遮盖住绝大部分，外露部分呈弓形，第二至第七节的宽度近相等，各节间膜色淡，各背板后缘向后下方突出呈锯齿形,第八至第九节内缩不见,但生于第九节末端两侧的 1 对短而分节的尾须外露。肛板后缘内陷,中间无明显切口。各背板外缘内侧有浅色圆形气门孔,围片近似黑色。雌、雄成虫除从身体的大小区别外,雌成虫腹部肥厚;雄成虫的腹部扁平显薄,尾部尖小,除有 1 对尾须外,还有 1 对刺突(图 2-15)。

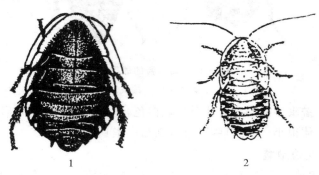

图 2-15　金边地鳖虫雌雄成虫

1.雌成虫　2.雄成虫

(2)卵鞘　卵鞘似袋状,长 2 厘米,初产时为乳白色,逐渐变为暗黄,继而变为黄褐色至棕褐色。卵鞘稍弯曲,成豆夹形,向外突出的一侧有搓板状陷窝 2 排,是卵化孔部位;中间有一条波浪状的曲线,是鞘内两排卵粒的分界线,卵鞘表面有袋,卵粒可显现出来沟形横纹。卵期 20 天左右,卵化时在卵壳外膜保护下,先用头的顶部冲破卵化孔处的薄膜,再依靠身体的不断蠕动,当伸出卵鞘袋的一半时,稍事休息,即将卵外薄膜撕破,脱离卵鞘,待卵鞘内的卵全部孵化完后,在卵鞘的孵化孔处可见有遗留的空卵壳及卵粒外保护膜残迹。

金地鳖为卵胎生,与中华真地鳖完全不同。雌、雄成虫交尾后约 40 天,雌成虫在腹端排出半截卵鞘,俗称"拖炮",一天后又将卵鞘慢慢缩入腹内。大约再过 20 天,卵鞘再次从腹端渐渐突出,卵鞘中的若虫从卵内爬出,离开母体。初产的若虫乳白色,以后逐渐变为暗黄色。

（3）若虫　幼龄虫体态与成虫相似，但体色稍浅，背部稍隆起，1～2 龄前，中、后胸背板外缘无鳞片状翅芽，3 龄后翅芽才陆续出现，6 龄才与成虫完全相同，当达到老龄若虫时，前胸背板前缘皮两侧的金黄色镶边才明显可见。此时体形大小、颜色深浅很难与成虫区别。

三、地鳖的生物学特性

（一）地鳖的生活环境和生活条件

1. 地鳖的生活环境

地鳖怕强光，多在夜晚出来活动和觅食、交配等，天亮时又钻进养殖土中；如果是隐蔽或黑暗的环境，白天也照样出土活动。在野生环境中，多生活在农村旧房屋墙根下、农家小院周围的砖石缝隙中；在室内多生活在土地面厨房里的灶前含草末较多的土里，村舍旁边的鸡舍、牛栏、马圈、猪舍内的食槽下，场院的柴草堆下，食品加工作坊、碾米厂、榨油坊等有虚土堆积的地方。在野外多生活在林地、湖泊、河流沿岸的枯草落叶下的腐殖土里，石块下的松土内，见图 2-16。

图 2-16　地鳖的生活环境

总之，野生条件下地鳖生活的土壤：疏松，便于地鳖钻进、钻出；含有丰富的腐殖质；无化学物质污染、大气无污染，湿度适中，绝不能干燥。

地鳖夏季白天室内一般潜伏深度为1.5～2厘米,夜间潜伏深度为1～2厘米的最多。在野外生活或在室外饲养的,当温度适宜时,与室内生活、饲养的潜土深度差不多;但秋季或冬季随着温度下降,则向土层中潜伏的深度加深,在中原地区潜土深度在10厘米的最多。

经过观察,发现地鳖1天内的活动规律为:19:00～24:00出土活动最频繁,24:00后的下半夜,虽然也有少数个体活动,但为数甚少;每天的8:00～18:00,因光线强,人活动的干扰,则很少出外活动,甚至不活动。

2. 地鳖的生活条件

(1)温度 地鳖是变温动物,环境温度高低直接影响其体温。一般来说,温度较低时,虫体温度比气温略高;温度较高时,由于蒸发水分,虫体温度又略低于环境温度。由此可见,地鳖自身无稳定的体温、无保持和控制调节体内温度的能力。所以,它新陈代谢的速度受外界环境的影响。地鳖对环境温度的要求有一个适应范围,即13～35℃,见图2-17。在这个范围内,随着温度升高,新陈代谢旺盛,生

图 2-17 地鳖的生活温度

长发育加速,这时的温度与生长发育速度基本上呈线性关系,并且能缩短生活周期。超过这一温度范围,地鳖则生长发育迟缓,繁殖停滞,甚至死亡。最适的生长发育和繁殖的温度是 25～32℃。

地鳖不同发育阶段的最适温度也不相同。一般来讲,成虫最适温度要高于若虫,老龄若虫的最适温度又略高于中龄若虫,这与它们的生理特性相符合。当温度为 10℃以下时,地鳖的体温随着环境温度降低而下降,此时体内的新陈代谢速度也大为降低。为了度过低温期对生理的威胁,地鳖则进入冬眠状态,即潜伏在土中不吃不动,体内代谢水平较低。当环境温度低于 0℃时,往往处于僵硬状态,有少数个体死亡。地鳖抗低温的能力较强,冬季采集地鳖时,可见到虫体满身披有冰霜,但拿回室内逐渐升温后还能成活。尽管地鳖抗寒能力强,但在北方寒冷时间较长,气温常在 -20℃以下,故必须采取保温防冻措施,一般多移到室内适当供暖才不会受到损伤;中原地区冬季不甚寒冷,大批饲养时冬季可在室外越冬,但必须在饲养土面上盖锯末或盖草,或在池面上盖塑料膜保温。

饲养地鳖也不是温度愈高愈好,一般温度上升到 35℃时,地鳖就感不安,四处爬行,减少摄食,因而生长速度减慢,产卵的成虫产卵量减少;当温度上升到 37℃后,地鳖体内水分蒸发量加大,易造成脱水干萎而死亡。

地鳖对环境温度的要求和反应提示我们,在人工饲养时应特别注意做好冬季越冬期的加温保暖工作;夏季高温时期,做好防暑降温工作,为其提供适宜的环境,加快其生长发育。

(2)湿度 水是一切生命活动的基础。昆虫类与其他生物一样,一切新陈代谢都是以水为介质的,如营养物质、代谢废物的运输、排泄,激素的传递等生命活动,只有溶于水中才能实现。水的不足或无水会导致正常生理活动中止,造成死亡。

湿度对地鳖的影响是多方面的,既可以直接影响其生长发育,也可以影响到性腺发育和繁殖,甚至影响到孵化、蜕皮和寿命等。地鳖在人工饲养时,饲养土含水量应保持在 15％～20％,空间相对湿度应保持在 70％～80％,见图 2-18。这样的湿度条件下,既能使地鳖在养殖土中正常生长发育，又能使其正常繁殖。如果湿度偏低，地鳖不但不能从外界得到水分，而且通过排泄、呼吸等过程发散体内的水分，使体内缺水，轻者生命活动受阻，重者死亡。但是，如果养殖土湿度过大，土内空气减少，细菌在养殖土中滋生，地鳖在饲养土中难以生活。

图2-18　地鳖的生活湿度

所以，人工饲养地鳖，要做好环境和饲养土的保湿工作，但要注意湿度的适宜范围，即在上述湿度范围内，若虫宜偏干些，成虫应偏湿些。产卵成虫的饲养土地也应偏湿些，这样可以增加成虫的产卵量，并使卵鞘顺利孵化，加速若虫生长发育。

（3）光　地鳖喜暗怕光，光能影响其活动。每天天亮了地鳖就不活动或少活动，躲在土壤中，日暮后，取食、寻找配偶等非常活跃。所说的地鳖怕光是怕强光，对弱光还是需要的，适宜的弱光反而有利于其生命活动。在人工饲养条件下，室内装上红灯泡照明，既方便饲养员入室饲养管理，又有助于地鳖生长发育、繁殖后代，可以提高单位面积的产量。

(二)地鳖的一般特性

1. 假死性

地鳖具有耐寒冷、耐热性、耐饥性和抗病力强的特性。但是,地鳖体小无自卫能力,一旦有响动和强光发出,便立即潜逃;若被捕捉时,便会装死,这种现象称假死,见图2-19。假死一阵子后,发现没有受到侵害,起来立即逃遁。假死是地鳖逃脱敌害的一种方式。

图 2-19 地鳖假死

2. 冬眠性

冬眠是地鳖对恶劣环境的一种适应。一般在中原地区每年立冬(11月7日左右)以后,气温明显下降,当养殖土的温度达到10℃时,地鳖由于体温降低逐渐停止吃食,不吃不喝进入冬眠状态。冬眠时地鳖不动,体内的新陈代谢降至最低水平。到了第二年4月的清明前后,气温回升到12℃以上时,饲养土温度超过10℃时,地鳖开始出土活动和觅食,当土壤温度达到15℃以上时,开始生长发育,恢复其活力。

实验证明,地鳖的冬眠不是受季节影响,而是受环境温度影响。在北方自然温度下地鳖冬眠早,冬眠期长;南方冬眠晚,冬眠期短。冬季在加温饲养条件下,地鳖不冬眠,照样生长发育和繁殖。生产实践证明,气温的变化直接影响其活动。有条件的饲养场(户)可以采取冬季加温措施,使地鳖继续生长发育,缩短生产周期,提高人工养殖的经济效益。

3. 地鳖喜温暖潮湿环境

地鳖生长发育与温度有密切关系。每年的 4 月上、中旬，当土壤温度达到 10℃时，多数个体都出来活动，但由于温度低还不能觅食和生长发育；当环境温度达到 13℃时才能觅食、正常活动和生长发育。5 月的气温，地鳖已开始活动和觅食，但由于气温还偏低，生长发育较缓慢。6～9 月是一年中气温最高季节，这时地鳖新陈代谢旺盛、生长发育快，产卵量也比较多。这期间所产生的卵鞘孵化出的若虫只需 8～12 天就能完成第一次蜕皮，而且以后每 45 天蜕皮 1 次。10 月中、下旬孵化出的若虫，当年不能蜕第一次皮，待到第二年的 5 月中、下旬才能完成第一次蜕皮。9 月上旬，以后产的卵鞘当年不能孵化。一般来讲，地鳖能正常活动的温度为 13～25℃，最适宜生长发育的温度为 25～32℃。所以在野外自然条件下每年能生长发育和繁殖的适宜温度只有 4 个月。在人工饲养条件下，必须采取一定措施进行人工控温，满足其常年连续生长发育需要的温度，提高养殖的经济效益。

地鳖生活要求潮湿的环境，长期干燥的土壤会使它停止生长，甚至死亡；太湿也不利于生长发育，甚至影响其生活。在人工饲养条件下，饲养土的湿度应保持含水量为 15%～20%，即用手握成团、落地即散为宜。

(三)地鳖的食性

地鳖是杂食昆虫，食性广，人工饲养饲料易得，且价格低廉。主要有粮食、油料加工的副产品和下脚料、各种蔬菜、嫩草、嫩树叶、农作物茎叶、水生植物和瓜皮、次水果等。另外，畜禽粪便也是它们的食物。野生地鳖觅食范围不大，有就近摄食的特点，如生活厨房的地鳖就取食掉在地上的饭粒、肉屑、菜叶、骨头等；居住在粮食加工地和粮仓附近的野生地鳖，就寻食掉在地上的麦麸、碎粮等；生存在野外的野生地鳖，则是觅食周围的嫩草、嫩树叶，成熟的粮食、草籽也是它们的食物。

地鳖虽然食性广，但并不是所有的食物都爱吃，也有不喜欢吃的。也就是说，它们对食物也有选择性，有些食物它们就特别爱吃，对其有很大的诱惑力;有些食物不爱吃,常常避而远之。所以人工养殖地鳖投饲时要注意观察记录,寻找它们喜食且又营养丰富、价格低廉的饲料原料,并将这些原料适当搭配,加上维生素和微量元素,满足其营养需要,使其生长发育良好,长得快,繁殖率高,提高饲料的利用率。

人工饲养条件下可以把饲料分为六大类,饲养者可以根据自己的条件选用。

1. 精饲料

精饲料主要是粮食、油料加工后的副产品和下脚料,如碎米、小麦、大麦、高粱、玉米、麸皮、米糠、粉渣等,见图 2-20。一般新鲜的均可以生喂,炒半熟带有香味更好。

图 2-20　地鳖的精饲料

2. 青绿饲料

青绿饲料包括各种蔬菜、鲜嫩野草、牧草、树叶、水生植物、农作物的茎叶等。各种蔬菜,像莴苣叶、包菜叶、大白菜等;各种鲜嫩野草,如苋菜、车前草等;牧草,如菊苣叶、苜蓿叶、三叶草叶等;各种嫩树叶,如桑树叶、榆树叶、刺槐叶、紫穗槐叶、泡桐树叶等;水生植物,如浮萍、水葫芦、水花生、水芹菜叶等;农作物茎叶,如向日葵叶、地瓜叶、芝麻叶、红薯叶、黄豆叶、蚕豆叶等,见图 2-21。

3. 多汁饲料

多汁饲料(图 2-22)主要指各种瓜果,植物块根、块茎等。瓜果类,如南瓜、甜瓜、西瓜皮、菜瓜、番茄、茄子等(包括花、叶等);块根、

图 2-21　地鳖的青绿饲料

图 2-22　地鳖的多汁饲料

块茎类，如胡萝卜、萝卜、土豆等。

4. 粗饲料

粗饲料指经发酵腐熟、晒干、捣碎筛过的牛粪、猪粪、鸡粪等，见图 2-23。

5. 蛋白质饲料

蛋白质饲料包括植物蛋白质饲料和动物蛋白质饲料。植物蛋白质饲料，如脱毒的棉籽饼、菜籽饼，黄豆饼，黄豆，晒干的豆腐渣等；动物性蛋白质饲料，如鱼粉、蚕蛹粉、血粉、肉骨粉、蛆粉、蚯蚓粉等，以及鱼、虾等。厨房和食堂下脚料，如猪、牛、羊、鸡、鸭碎屑、残渣等。

图 2-23　地鳖的粗饲料

6. 矿物质饲料

矿物质饲料有肉骨粉、贝壳粉、石粉、蛋壳粉。在人工饲养条件下,可以把地鳖的各种食物进行科学搭配,为其提供营养全面的饲料,满足各个生长时期的营养需要,保证其正常生长发育。

(四)地鳖的生长和繁殖特性

地鳖是不完全变态的昆虫,一生经过卵—若虫—成虫 3 个发育阶段。地鳖全年活动期为 7 个月,冬眠期为 5 个月。冬眠时,地鳖的生长发育处于停止状态。在活动期里也不是所有时间都能生长,如 4 月在中原地区地鳖虽已经出土活动,但由于温度偏低且变化大,其活动很不正常,即使有所生长,但生长速度极其缓慢。5 月的上旬、10 月下旬和 11 月,气温也不适于生长,实际生长发育良好的时间只在 6～9 月这 4 个月。全国各地随着纬度不同,其生长期也有差异,北方良好的生长发育时间比南方短。

1. 卵鞘的孵化

每当土壤温度升至 20℃左右时,卵鞘中的卵细胞开始分裂,形成胚胎。24～32℃的环境条件下,经过 55 天卵鞘的一端破裂,幼小的若虫从卵鞘的破裂处靠蠕动离开卵鞘,见图 2-24。刚离开卵鞘时不会动,体外还有一层透明卵膜包着,经过 2～3 分后,幼小若虫挣破卵膜爬出,开始爬行,且爬行敏捷。这时的若虫为白色,体形与成虫相似。孵化的最适条件,土温在 30℃左右,相对湿度 20%左右,在这样的温、湿度条件下,可以缩短孵化期。在孵化过程中,同样的环境条件下,有的卵鞘 40 天可以孵出若虫,有的卵鞘 60 天才能孵出若虫,这可能与卵鞘新旧程度有关或与产卵成虫体质有关。

图 2-24　地鳖卵鞘孵化

孵化时一定要掌握土的湿度,土壤湿度小或干燥,严重影响出虫率。湿度不合适会延长孵化期,但只要卵鞘没有烂掉或破裂,经过 3～4 个月或时间更长,只要恢复到合适的湿度仍能孵化出若虫。

温度高低与孵化期的长短也有密切关系,土壤温度高时,孵化期短;土壤温度低时,孵化期长。

2. 生长发育

若虫从卵鞘中孵出生长,发育到成虫,雌虫连续生长 7～8 个月(不包括冬眠停止生长的时间),雄虫要连续生长 6～7 个月。由于若虫体质强弱有差异,在同一环境中生长也有快慢之分,以中华真地鳖为例,在正常情况下,刚孵出的若虫平均体重 0.005 克/只,1 月龄时平均体重 0.016 克/只,2 月龄时平均体重 0.043 克/只,3 月龄时平均体重 0.086 克/只,4 月龄时平均体重 0.159 克/只,5 月龄时平均体重达 0.317 克/只,6 月龄时平均体重 1.131 克/只,8 月龄时平均体重 1.612 克/只,最大体重达 3.517 克/只。

地鳖生长发育过程中要经过多次蜕皮,每蜕一次皮,虫体要长大一个档次,每蜕皮一次就增加一个虫龄。刚孵化出幼小若虫 8～15 天蜕第一次皮,以后蜕皮间隔期逐渐拉长,在土温、湿度适宜的情况下,一般 18～30 天蜕皮 1 次,见图 2-25。蜕皮的间隔时间长短,与虫的大小有差异,幼小若虫期间隔时间短些,大龄若虫间隔时间长一些;雌性若虫间隔时间短一些,雄性若虫间隔时间长一点。在相同的环境条件下,同一时期孵出的若虫长到成虫的时间不一样,雄虫比雌虫提前1个月以上。

图 2-25　地鳖生长发育

若虫蜕皮与环境温度有密切关系。幼龄若虫期气温低于18℃、中龄若虫期气温低于21℃、老龄若虫期气温低于24℃,便不能蜕皮。从卵内孵出若虫到成虫,雌虫蜕皮9～11次,共10～12龄;雄虫蜕皮7～9次,共8～10龄。每增加一个龄期,虫体则比原来增大50%～90%。

从孵出的幼龄若虫到成虫,体色逐渐变深,变化过程是:白色—米黄色—棕褐色—深褐色—黑褐色(雌虫)、淡灰色(雄虫)。

3. 交尾与产卵

每年的春季,冬眠复苏后的老龄雄若虫开始出土活动、觅食,土温达到15℃以上时,经过一段时间便蜕去最后一次皮,变为有翅成虫。随后与发育成熟的雌成虫陆续交配。1只雄成虫可以与3～5只雌成虫交配。雄虫交配后翅膀破裂,1个月以后陆续死亡;雌虫交配后7天左右开始产卵,1次交配可一生生产受精卵,但也有再与雄虫交配的雌虫。地鳖的交配旺盛期在夏、秋两季,但在秋末入冬以前以及翌年春天也能交配。交配率高低与气温有关,气温在25～32℃时交配率高,随着气温的降低交配率下降。所以,种虫群夏、秋交配盛期,雄成虫要占种虫总数的40%,其他时间雄虫保持20%～30%就能满足雌虫受精的需要。

雌、雄成虫交尾时间一般持续 30 分左右(图 2 - 26),也有的长达 60 分,最长的交尾时间达 120 分。交尾期间雄虫比较被动,不能吃食;雌虫相对比较主动,按主观意愿活动,有时还能吃食。在交尾时周围环境应是安静的,不能受惊动,特别不能有强光照射,否则雌、雄虫争相往饲养土中钻,被迫脱离,影响交配效果,也影响以后所产的卵。

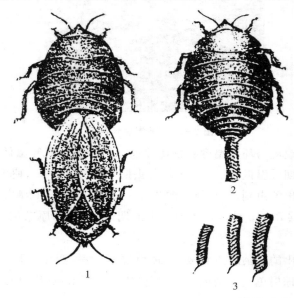

图 2 - 26　交尾与产卵

1. 交尾　2. 产卵　3. 卵鞘

交尾后 7 天左右,雌虫即可以产受精卵。在自然温度下,每年 4 月末或 5 月初开始产卵,5～10 月为产卵期,6～9 月为产卵旺期。每只健壮雌成虫一生可产卵鞘 70～100 个,第二年产卵鞘最多,第三年开始逐渐减少。只要温、湿度合适,饲养管理得当,取卵鞘及时,1 只雌成虫 1 年可产卵鞘 40 个左右。气温高时 4～6 天即产 1 个卵鞘,气温低时 10～15 天才能产 1 个卵鞘。采取加温措施,保持饲养室温度在 25℃以上,雌虫常年都可以产卵。地鳖产卵是连续不断进行的,前一个卵鞘产下来后,下一个卵鞘又冒出了头,并长时间拖在尾上(图 2 - 26),快的 2～3 天掉下来,慢的 5～7 天掉下来。连续产卵

6～7个中间要停一段时间才能继续再产卵。

雌虫产卵时,生殖道内的腺体分泌黏性物质,把产出的卵粘在一起成块状,即为卵鞘。卵在甲壳状的卵鞘里,整齐地排成两排。卵鞘的长短不一,每个卵鞘的含卵量也不一样,每个卵鞘最少5～6枚卵,最多的30枚卵,平均每个卵鞘15枚卵。卵鞘孵化率高低与保存条件和保存时间长短有密切关系,保存条件好的孵化率高,保存条件差的孵化率低;保存时间短的孵化率高,保存时间长的孵化率低。

雌性成虫每年产卵的多少、卵鞘的大小与虫龄、营养水平有关。开产第二年的雌成虫,比初产成虫和第三年的老龄虫产卵多,卵鞘也大;初产雌虫和第三年之后的老龄雌虫产卵少,且卵鞘小。营养水平低、体质弱的雌成虫产卵少,且卵鞘小。因此,在人工饲养条件下,给种虫要多喂一些精饲料,保证其营养需要,同时要保持饲养室安静,饲养土适宜的温、湿度,才能产更多、更好的卵鞘,提高饲养地鳖的经济效益。

(五)地鳖的生活史

昆虫的生活史是昆虫完成一个世代交替所经历的形态变化。而地鳖是不完全变态的昆虫,它完成一个世代交替只经历3种形态变化,即成虫(雄性有翅)—卵鞘—幼虫(若虫)—成虫(图2-27),地鳖由卵孵化出的幼虫(若虫),与成虫之间的形态和生活习性都相似,只是若虫雄性翅发育不完全,身体还未长大,生殖系统还未发育成熟,每经过一次蜕皮,雄虫翅和生殖器官就发育生长一些,身体长大一些。所以,把这种变态称为不完全变态。

1. 地鳖的生殖方式

地鳖为两性生殖,卵生。即必须经过雌、雄两性成虫交配、卵子受精后产生受精卵才能孵化出幼虫(若虫),不经过雌、雄成虫交配的雌成虫也产生卵鞘,但这种卵鞘不能发育产生新个体。

中华真地鳖和冀地鳖均为两性生殖和卵生,而金边地鳖为两性生殖、卵胎生。即卵鞘在将要排出的时候,又缩回到雌成虫腹内,在雌成虫的体内孵化成幼虫后,将卵鞘排出一部分,这时小幼虫爬出卵

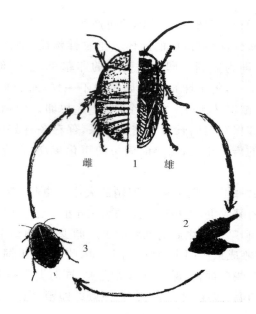

图 2-27 地鳖各虫态及生活周期
1.成虫 2.卵鞘 3.幼虫

鞘,离开母体,然后雌成虫才把空卵鞘排出体外。

2. 卵鞘

地鳖产卵时,生殖道周围的副性腺分泌黏稠状的液体把卵子黏合在一起,在"拖炮"过程中逐渐凝固形成卵鞘。卵鞘一般长 2~15毫米,呈豆荚状,边缘有锯齿状的突起。每个卵鞘内紧密排列两排卵子,1 个卵鞘内少则 5~6 枚卵,多则 30 枚卵,平均 15 枚卵。雌成虫产卵多少与雌成虫生殖年龄、营养状况有关。

3. 孵化

孵化是把卵鞘放在温度、湿度适宜的饲养土中,使卵鞘内的卵子进行胚胎发育,最后胎虫破卵而出形成若虫的过程。

地鳖卵鞘孵化要求一定的积温,在孵化温度适宜的范围内,温度高的环境中,孵化时间短;在温度低的环境中,孵化时间长。如在25℃的条件下,孵化期 50~60 天;在 30℃条件下,孵化期 35~50天。

4. 若虫生长与蜕皮

地鳖在生长发育过程中，是靠不断蜕去体表的角质层来完成生长发育的，这一过程称蜕皮。每蜕皮一次，虫龄增长一龄，体型、体重增加一个档次，生殖腺前进一个阶段。

地鳖饲养过程中，用蜕皮次数来划分虫龄，可以做好分级饲养管理。刚孵化出的若虫为 1 龄若虫，以后每蜕皮一次，增加一个虫龄。在自然条件下，雄性若虫经过 7～9 次蜕皮，经历 270～320 天发育为成虫；雌性若虫经过 9～11 次蜕皮，经历 450～500 天发育为成虫。在加温条件下，饲养室保证 25℃ 以上，若虫期缩短为 150 天。若虫老熟变为成虫，雄成虫长出翅，形态起了很大变化；雌成虫没有翅，其形态与老龄若虫相比没有变化。

5. 成虫的交配与产卵

若虫经过多次蜕皮后，逐渐老熟，当最后一次蜕皮完成后，就变成成虫。成虫有生殖能力，在自然温度下，到繁殖季节就能交配，交配后 7 天产出卵鞘，孵出若虫。

四、饲养地鳖的设施与工具

(一)饲养场地和饲养房的选择

地鳖生命力旺盛、适应性强，对场地和饲养房无过高的要求，但是根据其喜温、喜暗等生活习性，应认真选择饲养场址，选择或建造饲养房，为其生长发育创造优越条件，使之生长发育良好。

1. 场址选择

人工养地鳖有两种方法，一种是人工供暖不让其冬眠，缩短饲养期，见图 2-28；另一种是自然温度养殖，冬季让其冬眠，这样就要在室外建池，场地选择很重要，见图 2-29。地鳖饲养场地应选择背风向阳的地方，远离市区，远离村庄，远离有震动、排放毒气的地方。场地应是没有办过工厂、没有办过畜禽场，且地势较高、排水良好、雨后无积水的地方。饲养场区土质最好是沙质土壤，场地形态不一定整齐化一，不管什么形态只要精心规划都能达到预期的目的。

图 2 - 28　人工供暖养殖

图 2 - 29　室外自然养殖

2. 饲养室的选择

不管是利用旧闲房或是新建饲养室,都必须选择地势较高的地方建造房屋,房屋前后都留窗户或有通风换气的设施,见图 2 - 30。当饲养室需要通风换气的时候,通过空气对流或通风设施换气,保持室内空气新鲜。窗户和纱门必须装窗纱,夏季通风换气保持凉爽和空气新鲜,防止蜘蛛、壁虎、老鼠和小鸟等天敌进入饲养室;要有供暖设备保证房子的保暖性,冬季进行供暖、保温,保持室内温度达25℃左右;冬季不供暖的情况下,室内池子里饲养土层内温度在0℃以上,保证地鳖安全冬眠。房屋的前面不要有障碍或遮阳物,后面要栽种一些落叶的阔叶树,便于冬季白天阳光能射进室内,提高室内的温度,夏季能遮阳,防止饲养室温度超过36℃。

图2-30　标准化饲养室

地鳖喜温、好静,所以饲养房建造必须是比较安静的地方,自然光照不能很强。室内应装两种灯泡,一种是白炽灯泡,可以照明和调整光照;另一种是红灯泡,因地鳖看不到红光,这样管理人员随时进入时不需开白炽灯照明,另一方面还可以增加室内温度。选择旧闲房做养殖室时,不能选择存放过化肥、农药、非食用油料及化工原料或其他有毒物的仓库,也不能选择仓库附近的闲房。因为这些房屋会长期散发有毒物质的气味,影响地鳖生活、生长发育和繁殖,甚至引起死亡。

(二)饲养方式与设备

1. 室内饲养

室内饲养方式很多,主要有以下几种:

(1)缸养　适用于初次饲养者或小规模饲养户,可以利用旧水缸、漏水缸、用水泥制作的储粮缸等。内壁有光滑釉,下层装饲养土,上半截留为空间,缸壁光滑防止地鳖逃跑,上面能加盖防止天敌侵入。缸口直径 50～70 厘米,太深了影响操作。也可以用口径 30 厘米左右、深 30 厘米的大钵子靠墙叠摆起来,形成立体结构,充分利用室内的空间。饲养缸、饲养钵的形状见图 2-31。

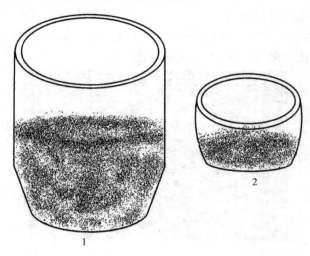

图 2-31　饲养缸和饲养钵

1.饲养缸　2.饲养钵

缸养时缸底铺 3～5 厘米厚的小石子,小石子上铺 5～6 厘米厚的湿土,这样如果饲养土湿度太大,水分可以渗到底层,上层仍然可以保持适宜的湿度;湿土上面放饲养土。饲养土和小石子、湿土中间要插入 1 个直径 5～6 厘米的塑料管,当夏季气温高,饲养土中水分蒸发快的时候,从管中加水以调节饲养土的湿度。饲养土深 15～20 厘米,塑料管要高出饲养土面 5 厘米,管口用尼龙网盖着扎好,防止地鳖爬出。缸口可以用厚塑料布扎好,塑料布中央剪 1 个直径 25 厘米的圆孔,圆孔边缘到缸口的边缘至少要有 10 厘米宽可以防止地鳖爬出。缸外壁要涂 1 个凡士林或黄油的环带,防止蚂蚁进入饲养缸内;或是在缸周围撒一圈石灰、灭蚁灵等药物,也可以防蚁、蜈蚣、蜘蛛等敌害进入。

（2）**箱养**　箱养也是小规模饲养户采用的饲养设施,是利用大小不等的包装木箱或购买的特制塑料箱(图 2-32)、用木箱时应在木箱内壁上部20厘米处嵌一周玻璃带或在木箱内壁衬一层塑料膜,防止地鳖爬出逃跑;如使用塑料箱饲养地鳖,内壁可不必嵌玻璃环带或衬塑料膜。但由于塑料箱不能渗水,应在箱底先铺一层3厘米左右的小石子,石子上铺一层壤土,摊平压实,然后再放入15厘米左右的饲养土,防止饲养土湿度大。

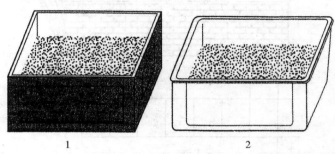

1   2

图2-33　饲养箱

1.木箱　2.塑料箱

卵及幼虫可以使用特制饲养盒,盒长40～50厘米、宽25～30厘米、高20～25厘米;内壁嵌一宽10厘米左右的防逃玻璃带或塑料布。盒底铺供地鳖栖息的饲养土或锯末等,上面放用硬纸或薄木板制作的卵孵化盘及投放饲料的饲料盘。盒应有木盖,木盖中央留有1个观察及防止幼龄若虫逃跑的纱窗(图2-33),此饲养盒适宜饲养1～3龄的幼龄若虫。

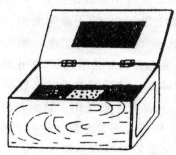

图2-33　地鳖卵及幼龄若虫饲养盒

(3)池养　室内饲养应建地上池,根据自己饲养室形状和大小设计饲养池的位置和大小,应以方便管理为原则(图2-34)。

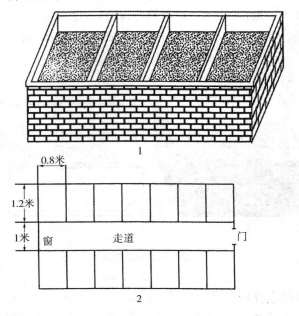

图2-34 地鳖室内饲养池
1.饲养池示意图 2.饲养池布局图

饲养池底部砖层与地面间要留有6~12厘米的空间,空间内填上锯末或稻壳,以利于与地面绝缘,冬季加温饲养时不会通过地面把热量散失。池子的内壁或者用玻璃条做起一条防逃带,或者用塑料膜自土层底部到池最上沿衬起,防止地鳖逃跑。饲养室门窗都要装纱门、纱窗,做好防鼠、壁虎等敌害的工作。如果饲养室的防敌害工作做得不严密,饲养池上必须加盖纱网罩,防止敌害进入池内。

(4)立体多层饲养架 这种饲养设施是在饲养池的基础上发展起来的,适于大规模、商品化生产使用。特别是对房屋面积不够而又想大规模饲养的场家和个人更为必要。它可以充分利用室内空间,既能扩大饲养面积,又能节省投资。更重要的是这种立体多层饲养架保温性能好,虫体散发的热不易散失。一般这种池的温度要比地面池温度高4~6℃。这种立体式饲养架上层池温与低层池温有一定差异,需要高一些温度的虫龄的地鳖和需要低一些温度的虫龄的地鳖都可以在这一个饲养室内饲养,非常方便,减少了按虫龄分室饲养的麻烦(图2-35)。

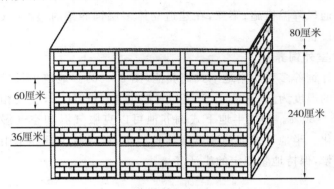

图2-35 立体多层饲养架

立体多层饲养架建造应就地取材,形状和大小要按照饲养室的条件设计。一般每格长应在90～120厘米,宽80厘米,总高240厘米,每层高60厘米,池壁高36厘米,池门高24厘米。这种饲养架式立体池一般4层。

立体多层饲养架后面多靠墙,与墙结合要紧密不能有缝隙。饲养架两侧用砖砌成,使用平砖,侧墙厚12厘米;底板、顶板可用薄水泥预制板,也可以用质量很好的石棉瓦;正面池壁可用砖砌,砖用立砖水泥砂浆,每层砖36厘米,也可用木板制作。池门有两种,一种为开放式的,不做门,但池内壁要做防止逃跑的防逃带;另一种是封闭式的,但在池壁上设置有门。防逃的方法有两种,一种是在池内壁四周粘贴10厘米宽的玻璃条;另一种是在池内壁衬一层塑料膜。防逃带还可以先在池门四周用小木方钉一木框,然后再用小木方按照门的大小做一木框,装上窗纱,将纱窗用合页装在门框上。

立体多层饲养架层数、格数多少,均应按房舍的条件来定,一般来讲,一间宽3米、深6米、面积18米^{2}的房间,其饲养面积可达50～60米^2,可养地鳖250～350千克。

立体多层饲养室主要优点是充分利用室内空间,饲养量大。但也有其缺点,主要是通风、散热效果不好,特别是夏季更为明显。因此,应采取一些措施加以解决。第一,每层池的高度不低于50厘米,池门的高度不能低于20厘米;第二,当室内温度升至37℃左右时,应采用通风降温措施;第三,在建造立体多层饲养架时,就应安装通风换气设备。

2. 室外饲养

室外饲养多采用半地下式饲养池(图2-36)。地鳖生长发育的最适宜的温度为25~32℃,土壤相对湿度15%~20%,空气相对湿度75%~80%。利用半地下式饲养池可以克服气温和空气湿度的骤然变化。半地下式饲养池温度比较稳定,可以减少饲养土中水分的蒸发量,保持地鳖稳定的生活环境。

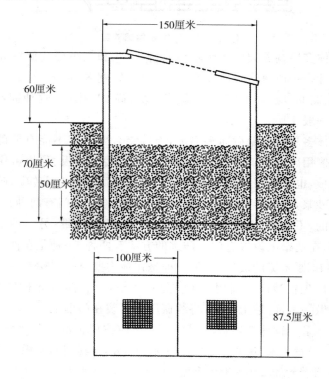

图2-36 室外半地下式饲养池

室外半地下式饲养池适合较大规模的饲养。半地下饲养池地下部分 70 厘米左右，宽 150 厘米左右，长可根据场地的地形和大小安排，池底铺平夯实后，四周用砖砌出地面，北池壁总高 130 厘米，地下部分 70 厘米，地上部分 60 厘米。池壁用卧砖砌起，外面用水泥浆勾缝，池内壁用水泥砂浆抹面，并用水泥浆抹平、抹光滑。池口用水泥制成薄预制板，预制板 1 个长 100 厘米，宽 87.5 厘米。中间留 1 个 30 厘米×30 厘米的小窗，小方窗四周用小木方固定铁纱网，水泥薄板的厚度为 2 厘米。夏、秋气温较高的季节，池口盖水泥板，并通过纱网方孔观池内的情况和调节池内空气，并在池子四周种上葡萄、搭起葡萄架，便于遮阳。到冬季葡萄落叶、气温转低的时候，把盖板拿下妥善保管，在池顶上盖一层塑料膜。北面池壁高、南面池壁低而形成一个坡面，阳光能直射在池内，提高池内温度，延长地鳖若虫的生长期。

到冬季进入寒冷季节，池子周围要培土，池顶塑料膜以上盖草帘子保温，保持池内温度不低于 0℃，饲养土的温度在 6～8℃，使地鳖顺利越冬。第二年春季春暖花开的时候去掉草帘子，靠塑料膜透光，提高池内温度，延长地鳖的生长期。

3. 室内室外结合饲养

室内饲养冬季加温，可延长地鳖的生长期，提高产卵率，提高经济效益。而室外饲养形成大规模的饲养场，但是在自然温度下能生长发育的季节有限、繁殖数量有限、经济效益一般。最好的方法是采用室内加温饲养与室外生态饲养相结合，能获得很好的经济效益。

室内加温饲养只养种虫和幼虫，种虫可以常年产卵，提高繁殖力。在自然温度下，1 只雌成虫每年可产 40 个卵鞘，在加温饲养条件下，每年可产卵鞘 60 个以上。在加温饲养室内可以进行常年孵化。幼龄若虫饲养到 4 月初，室外池加盖塑料膜，可透气、透光、增温，可使幼龄若虫进入生长期，提前生长 1 个月；秋后 10 月中旬至 11 月末，加盖塑料膜提高池内温度，又可以延长生长期 1.5 个月。那么冬季繁殖的幼龄若虫经过冬季和早春的室内饲养以及晚春和夏季饲养，当年冬季就可以收获。这种室内、室外结合的饲养方法，可以常年进行繁殖及培育幼龄若虫,春、夏、秋集中培育大龄若虫,集中收获,经济效益突出。

所以,规模化的地鳖饲养场,不但有室内池,也应建大量室外池,加强采光、保温措施,进行综合型的生态饲养。

(三)饲养土的制备

地鳖的生活习性是昼伏夜出,白天潜伏在饲养土中,夜里出来活动,觅会、交尾等。一天中约 12 小时在养殖土内,12 小时在土外活动。在自然温度的条件下,一年内长江以南地区冬眠期为 4～5 个月,黄河以北地区冬眠期 5～6 个月,如果再加上白天在饲养土中潜伏,在一年时间里南方就有 7～8 个月在饲养土中;黄河以北地区,一年中就有约 9 个月在饲养土中。地鳖不仅在饲养土中栖息,有的还在饲养土中摄食。因此,饲养土好坏、适与不适对地鳖的生长发育、繁殖十分重要,见图 2-37。在自然条件下,如果饲养土不适,地鳖会迁居。在人工饲养条件下,有防逃措施,如果饲养土不适也无法迁居,会对其生存造成威胁,影响产量。

图 2-37　饲养土制备

1. 地鳖对饲养土的要求

有人对地鳖饲养土做了 3 个试验,地鳖对饲养土反应情况如下:

(1)饲养土湿度试验　把一池子分为 3 段,放入不同湿度的饲养土。一端的饲养土比较干,用手握不成团;另一端饲养土比较湿,用手握成团,触之不散开;中段的饲养土,用手握成团,触之即散。然后在饲养池中放入适量的地鳖,几天后发现,地鳖大部分集中在中段的饲养土中。

(2)饲养土肥度试验 把一池子分为3段,一端放一般的壤土,另一端放杂质较多、较肥沃的饲养土,中间段放含腐殖质较多、比较肥、清洁的饲养土。温度接近,然后向池子中投放一定量的地鳖,几天后发现,大多数个体集中在中间段的饲养土中。

(3)饲养土细度试验 同种质量的饲养土,同样的湿度,而细度不同。仍将池子分为3段,一端放用4目筛筛过的土,颗粒较大、不拌糠灰或草木灰的饲养土;另一端放用17目筛筛过的土,颗粒较细并拌有30%草木灰的饲养土;中间段投放用6目筛筛过的土,颗粒适中并拌有30%草木灰的饲养土。然后投放一定数量的地鳖,几天后发现,中段饲养土中聚集的地鳖最多,17目筛的细土中数量次之,大颗粒的饲养土中数量最少。

根据实验结果看,饲养地鳖的饲养土必须做到:①土质肥沃。饲养土中应含有丰富的营养物质,补充部分饲料。②土质必须松软。从地鳖生活习性看,长期潜伏在饲养土中,土质疏松便于其钻进、钻出,土壤空隙大、空气充足对生存有利,土质坚硬对地鳖生存不利。③饲养土湿度适中。地鳖喜欢湿润的土地,潮湿的饲养土能满足其对湿度的需要。④饲养土颗粒适中。便于钻进、钻出,并能保持饲养土中空气新鲜、充足。

2. 取土时间及饲养土的处理

准备饲养土时,取土时间一般在冬季,这时土壤中的病原微生物少、寄生虫及虫卵也少,经处理易净化。取土的地方应选耕地中的壤土,此处无污染。取土的方法是先将土层翻开打碎,在太阳光下暴晒灭菌、驱虫,并筛除杂质及碎石、砖屑等。过筛用6目筛,这样土粒大小适中。如果取的土暂时不用了,可先将用不着的部分堆放在干净的地方,等用时再摊开在阳光下暴晒几天灭菌、灭虫,然后用药彻底杀灭。

(1)饲养土灭菌 先把灭菌药物配成溶液,然后拌入饲养土中,堆积一定时间使用。饲养土灭菌用0.1%~0.2%的高锰酸钾溶液、

0.2％的新洁尔灭、0.1％～0.2％的硫酸铜等拌土均可达到灭菌的效果。

（2）饲养土灭虫　灭虫药介绍以下几种：

敌敌畏灭虫：敌敌畏对多种地下害虫、线虫都有效，使用时按每立方米饲养土用80％的敌敌畏乳油100毫升，稀释100倍后，均匀地喷洒在饲养土上，边喷边翻，使之尽量分布均匀。然后用塑料膜覆盖，四周压好，防止漏气，堆积1周左右，翻开散气10～15天方可使用。堆积灭虫时温度愈高愈好。

磷化氢灭虫：这种灭虫原理是用磷化铝片剂与水反应产生磷化氢毒气。磷化氢毒气对多种昆虫和线虫都有杀灭作用，使用时按每立方米饲养土用磷化铝片剂6～7片，把片剂压成粉末，迅速在养殖土中拌均匀，并立即覆盖塑料膜，四周压好，防止漏气。焖1周后打开料堆的一角缓慢散气5～6天，揭开塑料膜，摊开饲养土，在阳光下暴晒10天左右方可使用。磷化铝有剧毒，在压碎、拌土和摊开散气时，要特别小心，防止自身中毒和畜禽中毒。

在生产工作中，灭菌往往和灭虫同时进行。所用药品除有特殊说明或非碱性药品，其余都可混合使用。另外，敌敌畏蒸汽对人、畜均有毒性，使用时要特别注意安全。喷洒敌敌畏时，应戴口罩并站在上风方向，家畜在下风位置时，也应将其赶往其他地方，防止人畜中毒。处理完毕的饲养土应尽量将毒气排放干净，最好在阳光下多晒几天更为安全。

3. 饲养土的制备程序

（1）取土　黏土、壤土、沙土、灰土以及炉灰等都能做地鳖的饲养土。一般要求饲养土疏松、肥沃、潮湿为好。太黏不能用，土壤选好后用6目筛过筛，除去杂质和小石块。

（2）消毒　前面已讲述。

（3）加各种补充物　石灰可以补充地鳖蜕皮、产卵过程中所消耗的钙质，还能促进若虫早蜕皮、雄若虫生长期缩短、雌成虫产卵量提高。石灰还有消毒和防腐作用。所以饲养地鳖饲养土中要加石灰，加入量为2％，即98千克饲养土中加2千克已熟化的石灰粉。

此外,饲养土中还要补充其他物质,如添加草木灰、干草末、锯末、稻壳、煤灰、各种家畜粪等。这样可使饲养土疏松,并增加饲养土中腐殖质的量。

4. 几种饲养土的配制方法

煤灰饲养土:用烧过的煤灰过筛制成。取材方便,料质干净,不会发霉变质。也可以加一些锯末,煤灰与锯末的比例为7∶3。

菜园土与锯末配制的饲养土:取肥沃、疏松、潮湿的菜园土,把土打碎过 6 目筛,除去杂质,日光下暴晒,或用药物作杀菌剂处理,然后把锯末也做同样的杀虫处理,土与锯末按3∶7混合即成。选择菜园土作饲养土的配料时,取土的地方一定要避开农药、化肥污染的地方。

菜园土与草木灰配制的饲养土:取肥沃、疏松、潮湿的菜园土经过灭菌、灭虫处理,再加草木灰。土和草木灰的比例为7∶3。刚烧的灰不能马上使用,必须放 2 周以后才能使用。

混合饲养土:肥沃的耕地土壤、锯末、高粱壳各1/3配制而成;肥沃洁净的土壤、草籽和各种豆秸末、干畜粪、草木灰各 1 份混合过筛,灭菌灭虫后方可使用。

草末制饲养土:草末含有机质 50%、氮 2%、磷 0.2%～0.5%、钾 0.2%～0.6%、钙 1.5%～2.0%、腐殖质 15%～30%。以草末作饲养土,质地松软、保水性好、营养丰富,且无农药、化肥等有害物质,同等饲养管理条件下,若虫可提前 1.5～2.0 个月变为成虫,且虫体光泽好,肥大,产卵性能提高 10%～20%。

制作方法:先将草末晒干,敲碎过 6 目筛,在过筛时加入 1%～2%的生石灰,用 0.05%的尿素调至手握成团、触之即散的湿度,然后放入锅中加热翻动,待温度上升至 80℃时,将锅盖严,持续半小时,再焖一夜,促使各种有机物分解,调至微咸性。出锅后撒开以散发气味,5 天后可以使用。使用时再加些草木灰。

用动物粪便制作的饲养土:80%～90%的菜园土,加 10%～20%的腐熟的鸡粪、牛粪或猪粪,加 1%～2%的熟石灰即可;或用一般肥沃、疏松的耕地壤土,加 25%经过发酵的牛粪,再加 1%～2%的熟石灰。

5. 饲养土的湿度及测定方法

饲养土适宜的湿度是 15％～20％，含水量超过 25％容易成团变块，地鳖钻入时困难。在梅雨季节里，饲养土湿度容易过大，容易发霉，引起各种疾病。饲养土湿度低于 10％，就呈现干燥现象，会使地鳖体内水分消耗加快，生长发育就会受到影响。特别是蜕皮时，易发生粘连现象，引起死亡。

同时要根据地鳖的不同发育阶段、不同季节、不同饲养设备适当调整饲养土湿度。一般来讲，梅雨季节、冬季要稍干一些，夏、秋季节或干旱天气要湿一些。幼龄若虫饲养土要干一些，大龄若虫饲养土要湿一些。地下池饲养土要干一些，饲养缸、饲养架的上层池饲养土要湿一些。为了便于掌握饲养土的湿度，要有一些简便、快速测定饲养土湿度的方法。现介绍两种供养殖采用。

（1）经验测湿法　这种方法是凭操作者经验来判定的，不一定十分准确，但是都能在地鳖适应范围，不会影响其生长发育。掌握饲养土湿度的简单方法有 3 种：

一是手握饲养土成团，松手即散，这样的饲养土含水量约 15％。

二是手握饲养土成团，松手后触之即散，这样的饲养土含水量在 17％～18％。

三是手握饲养土成团，离地面 5～10 厘米高度丢下，落地即散，含水量 20％左右。

（2）精细测定法　这种方法是使用恒温烘干箱将饲养土中的水分全部蒸发掉，然后由含水时饲养土的重量减去不含水时的重量，计算水分在饲养土中所占的百分比。这种测定方法测出的结果非常精确，适于搞研究时采用。具体方法是取 100 克饲养土放入铝制的金属盒里，然后放入 110℃的烘箱中烘烤 2～4 小时，将饲养土倒出称其烘烤后的重量，即可以计算出含水量。计算公式为：

$$饲养土含水量 = \frac{取样时湿土重量 - 干土重量}{取样时湿土的重量} \times 100\%$$

另一种方法是，取 10 克饲养土，放入金属容器里，然后倒入 95％的乙醇适量，使其完全浸湿，用火柴将其点燃，通过乙醇燃烧，使饲养土中的水分蒸发出去,重复 3 次,最后称燃烧后饲养土的重量,则可测得饲养土的含水量。计算方法和烘烤的方法相同。这种方法不用大型烤箱也能解决问题,简便、省时,准确度也能达到 90% 以上。

饲养地鳖的生产过程中,要经常测定饲养土湿度是否适宜。可以用乙醇燃烧法测定。发现湿度不符合要求,可以更换饲养土。但对大规模饲养,要全部换饲养土劳动量就大了,因此可以找到造成过干的原因,采取调节措施。饲养土含水量小的时候,可在饲养土中喷洒少量水或增加一些青绿饲料用量;当饲养土湿度过大时,可将饲养室门、窗定时打开,通过散湿,减少青饲料用量,或加入一些干土,或加入一些草木灰调节饲养土的湿度。

平时制备饲养土时,应将所需水分分多次洒入,并且边洒边搅拌,不要一下子倒入饲养土中,以免搅拌不均匀,最好是用大喷雾器一边喷洒一边搅拌。总之,饲养土含水量应掌握在 15%~20%,随时注意观察地鳖在饲养土中的生长发育情况,不断进行抽查,随时调整。

(四)饲养设备和用具的消毒

地鳖在高密度饲养条件下,因活动范围缩小、生长速度加快等,病害更容易在其群体中流行,因此对地鳖的病、虫害防治是关系到生产成败的关键环节。

在地鳖投放饲养池以前,对饲养室、饲养池、各种设备、用具有必要进行一次全面的消毒和卫生处理,这是减少群体发生病、虫害的重要环节,见图 2-38。

1. 消毒灭菌

饲养室内过于潮湿、空气污浊、不清洁、不卫生,常常使病原微生物繁衍,使饲养室环境恶化,如果不事先处理好就投放种虫,会引起其大量死亡,使生产遭到严重损失。饲养室、饲养池的消毒可采用 3 种措施,即通风换气、日光照射、化学药品消毒。

(1)通风换气 通风换气本身不能杀死病原微生物,但是却能使室内的空气中病原微生物变得稀少,降低发病率。在没有进行控温

图 2-38　用具消毒

饲养以前或春、夏、秋室外气温偏高的情况下，每天可打开门窗，加大通风量，在半小时内就可以净化空气。在冬季每天中午室外气温相对偏高时，可以把室内温度提高 3℃ 左右，打开窗子通风半小时或用排风扇换气半小时，待到室内温度降到所控制的温度或略低于平时温度时，停止换气。即在不影响室内温度情况下，每天都进行通风换气。

（2）日光照射　日光中的紫外线能杀灭细菌，具有很好的消毒作用。有些能够移动的饲养设备和用具，经常拿到日光下曝晒，可以起到消毒作用。

（3）化学药品消毒　常用的消毒药品有漂白粉、福尔马林（40％的甲醛溶液）、来苏儿、新洁尔灭、石灰、铜制剂，目前用于空间消毒的是百毒杀等。

空间消毒：每立方米空间用 1％ 的漂白粉溶液 10～30 毫升，对空间喷洒消毒；还可用百毒杀等按说明书用量配制消毒液，用于空间消毒比较安全。

地面、墙壁和饲养池消毒：10％～20％ 的石灰乳可用于涂刷饲养室墙壁和饲养池进行消毒；1％～2％ 的福尔马林溶液可以对墙壁、屋顶、池壁进行喷洒消毒；用 3％～4％ 来苏儿溶液对地面、墙壁、饲养池进行消毒，干燥后即可投入使用。

用具消毒：0.1％～0.2％ 硫酸铜或氯化铜溶液可消灭真菌，

0.01％硫酸铜、氯化铜溶液可以对用具上的细菌进行消毒；0.1％～0.2％的高锰酸钾溶液可以对用具浸泡消毒。

2. 灭虫处理

危害地鳖的有害虫类很多，常在室内生存的有蚂蚁、蜘蛛、鼠妇、蟑螂、螨虫等。饲养室和饲养池在使用以前都必须进行灭虫，从源头上消灭害虫、净化环境。其方法有 2 种：

(1)药物喷雾灭虫　选择喷雾杀虫药时，应选择残效期短的药物，如敌敌畏、三氯杀螨醇等。80％的敌敌畏乳油稀释 1 000 倍，对墙壁、地面、屋顶、饲养池全面喷洒，可杀灭所有害虫。喷洒操作时要特别注意角落和一些缝隙，喷洒后关好门、窗，3 天后打开门窗换气，气味散尽方可使用。

(2)熏蒸杀虫　熏蒸杀虫效果好，杀虫彻底，墙角、缝隙烟雾都能走到。使用熏蒸杀虫要做好以下几个方面的工作：杀虫空间密封要好，防止周围人群和畜禽中毒。

磷化氢气体熏蒸：用磷化铝片，每立方米空间 3～4 片，密封 3 天，3 天后打开门窗换气，过 5～6 天残留毒气散尽可以投入使用。磷化氢气体有毒，使用时必须注意安全。磷化氢气体有咸鱼味或大蒜气味，开门窗散气 5～6 天后，如果还能闻到这样的气味，暂不能用，再散几天气，闻不到气味时再使用。

用 80％的敌敌畏乳油熏蒸：把 80％的敌敌畏乳油按每立方米空间 0.26 克，用布条浸醮药液，挂在饲养室内，密闭饲养室 2～3 天后通风换气，3～5 天后若闻不到敌敌畏味，就可以投入使用。

使用氯化苦杀虫：氯化苦具有杀虫、杀菌、杀鼠等作用，一般在20℃以上的温度时使用，温度愈高效果愈好。饲养室按每立方米空间 20～30 毫克用药。氯化苦对害虫的杀伤作用缓慢，饲养室密封4～5天后才能打开门窗散气。由于氯化苦对物体吸附作用强，所以通风散气时间也就长一些，一般散气 15 天左右。氯化苦对动物和人均有非常强的毒性，对人还有催泪作用。每升空气中含 0.016 毫克氯化苦对人就产生催泪作用；每升空气中含 0.125 毫克氯化苦，就能引起人咳嗽、呕吐，30～60 分则可致死亡；每升空气中含 0.2 毫克氯化苦,10分就能引起人的死亡。

所以,使用氯化苦时要注意以下几个方面的问题:使用时要注意安全,避免操作人员不慎吸入;饲养室要密封,提高熏蒸效果;散气要彻底,散气时间要长,白天不方便时可在晚上人少时进行;散气完毕进入人之前,人先站在门口附近,感觉有无残留气体,如果人感到流泪,应继续放气;氯化苦气体比空气重得多,扩散速度不快,因此要在高处均匀施药,饲养室四角应增加药量。

五、地鳖的引种、复壮和繁殖

(一)地鳖的引种科学

1. 引进地鳖种的选择

前面已讲述了我国目前已确定的五种有药用价值的地鳖,引种时引进中华真地鳖、冀地鳖、金边地鳖更好。

2. 引种成虫的选择

引种成虫应引进老龄若虫刚进入成虫期的虫体,引回去后经过适应性饲养就开始产卵了。优良的种虫体色黑且有光泽、体大而长、身体丰满而健壮、四肢齐全、足上毛刺清晰、全身不粘泥、假死性好、逃跑时迅速。这样的种虫引回去后不但成活率高,抗病虫害能力强,而且繁殖力也强。

3. 引进卵鞘的选择

引种的另一种方法是购买卵鞘。将卵鞘购回后,经孵化培育出幼小若虫,经过若虫期全过程的饲养,培育出成虫,把成虫经过选择,优良个体留作种虫,不符合种用标准的处理后作商品出售,收效比较快。

如果以购买卵鞘开始地鳖的养殖工作,应在购买卵鞘时就对其品质进行选择。好的卵鞘颜色为褐色或棕褐色,外观正常无畸形,颗粒饱满,外表光亮而有轻微的刻纹,用手轻捏卵鞘手感有弹性;对着阳光或在灯光下观察,鞘内卵粒清晰可见;用拇指和食指捏住卵鞘两端,轻轻地挤,立即会发出清脆的响声,卵鞘内有两排卵,每排6枚以上。这样的卵鞘为优质卵鞘,其孵化率高,孵出的若虫成活率也高。

劣质卵鞘外壳有明显的起伏卵影,从外观就可以看到卵鞘内卵粒数。这样的卵鞘表面干瘪或发霉,其卵粒僵化或半僵化,孵化率低。有的卵鞘已受损破坏,内部已发生霉变。有的卵鞘锯齿状小齿处被泥粘住或已经生白色、绿色霉菌,其卵粒已僵化死亡。还有的卵鞘色泽较浅,呈黄绿色,这是因为成虫早产或迟产的卵鞘,或成虫营养不良,或成虫受惊吓时产出的薄壳瘪卵鞘,这些都属于劣质卵鞘。

购买卵鞘时,把卵鞘摊平,用对角线从 4 个角和中心 5 个点取样,每点随机抓 15～20 个卵鞘,然后按上述方法检查,找出劣质卵鞘数,然后被总数除,计算劣质卵鞘的百分比。

4. 引种时间的选择

在人工控温、控湿条件下饲养地鳖,一年四季都可以引种,最佳时间在每年的 3～4 月和 9～10 月,因这两个时段不冷不热便于运输。引种时首先要了解当地有无人工饲养的种源,如有种源尽可能就地引种。在当地引种有两个好处:一是在当地引种能适应当地环境,容易成功;二是免于长途运输的风险。

运输有两种方式:一是成虫运输;二是卵鞘运输。运输成虫的方法是:先准备好纸箱、蛇皮袋、废报纸 3 样东西。把报纸握成团装入蛇皮袋里,再把成虫装入,这样一方面成虫可以钻入报纸的皱褶里不相互拥挤,免得造成损伤;二是报纸支撑着袋子,使袋子内空间大,不会造成空气缺乏出现地鳖窒息现象。装好以后把袋子用烟头烧出一些黄豆大小的小洞,可以更好地透气,成虫还不能跑出来。若用纸箱也要用小刀或剪刀在四壁上扎一些小洞,便于透气。运输卵鞘的方法是:卵鞘的运输方法与成虫差不多,每袋不要装太多,多了容易发热。

(二)地鳖种的提纯复壮

地鳖虫由于长期人工饲养同池内近亲交配而出现退化现象,表现在虫体愈来愈小,由原来的每千克 500 只逐渐下降到每千克 800 只,甚至每千克 1 200 只。伴随着成虫的体型变小,寿命缩短,产卵量减少,卵鞘也明显矮小,且孵化率降低,幼虫抗病力降低,容易生病,死亡率增加,这种现象是种源退化的表现。

地鳖在人工饲养条件下退化是普遍现象,与种群内长期近亲交配有关。所以,加强选种、育种和串换种虫,保持优良种源的稳定性是十分必要的。

1. 地鳖的选种

选种是保持地鳖优良特性和优良品质的重要环节。优良种源雌成虫体型比较大,每千克活虫 280 只,一般的也在 500～600 只,而退化后的活虫每千克 1 200 只,所以选种应从引种开始,引种时应选择虫体大、体色黑且有光泽的个体。这样的个体健康、产卵性能好,卵鞘孵化率高,孵出的幼虫健壮、成活率高。经过一代一代的选种,使成年雌虫体重达到 2～3.5 克/只,每只雌虫产卵时间达 9 个月以上(不包括冬眠期),一生产卵鞘 60 个以上,且卵鞘内卵粒多、卵鞘大、有光泽。

选种时间应在雄虫长出翅后 1 个月内进行。这时有的雌虫尾部已拖着卵鞘;没有拖卵鞘的雌成虫生殖孔松弛,腹下部呈粉红色,并有光泽;反应能力强、爬行速度快。这样的雌成虫健康、繁殖力强。

种雌虫选择后放入种虫饲养池,雌、雄成虫配组为雌:雄=(4～5):1。投放密度 0.4 万～0.5 万只/米^2 比较适宜。

留种的雌成虫所产的卵鞘,大部分是优质卵鞘,但为了把种源提纯复壮,还要对这些卵鞘进行筛选,对大而饱满、色泽鲜艳的卵鞘留下使用,差的卵鞘进行淘汰。

另外,人工饲养地鳖经过多代繁殖后,个体之间有亲缘关系的比例大大提高,这是退化的一个主要原因。为了保证家养地鳖种群有旺盛的生命力,可以诱捕一些野生个体,选用个体大的雄虫投入到家养雌成虫种群中去,对家养种群进行改良,提高家养种群的生命力,增强对环境的适应能力。

2. 防止家养地鳖退化的措施

(1)经常串换种虫 人工饲养地鳖多半是引一次种后,以后都是在自己饲养的种群内选择雄、雌种虫,代数多了近亲交配的概率就大了,群体渐渐出现退化现象。防止地鳖群体退化,除了逐代选种提高种群优良性状以外,还要每隔 3 年引进一部分野生雄成虫或其他种群的雄成虫,与自己种群中雌成虫交配,增强种群的生命力,避免退化。

(2)控制饲养密度　单位面积饲养量大,地鳖的活动范围变小,活动和取食受到限制,使种虫发育不良,生命力降低,一代一代传下去,可导致后代退化。所以,放养密度要适中,使种虫能正常地活动和觅食,这样就不容易退化。

(3)可以放回自然环境中锻炼　地鳖为野生驯化而来的,在野生条件下,由于一年四季温度的变化,这一物种在与不利条件斗争中生存下来,因此野生种群具有较强的抗不良条件的能力。在人工饲养条件下,人为创造了稳定的生存条件,特别是恒温、恒湿条件下饲养,逐渐降低了它们的抗异能力,引起后代生命力降低。为防止地鳖家养条件下生命力退化,可将室内人工饲养条件下的成虫放在室外饲养池中接受自然温度变化的锻炼,经过 1～2 年后再移到室内饲养,生命力就能增强;或是捕捉一部分野生个体经过选择,选出优良个体与人工饲养群体混群饲养,逐步通过杂交提高家养种群的抗异能力。

(4)加强饲养管理　地鳖在野生条件下,在自然界自由觅食,吃的食物是多样的。但在人工饲养条件下,人们给其的饲料多是易得、廉价的,如玉米面、麦麸、米糠等。所以,由于饲料单一、投喂量不足等,使地鳖各阶段的虫体营养得不到满足,出现退化现象。因此,为保证种群不退化,饲料应该多样化,特别是饲料中的蛋白质含量应达到 16％以上,并且投料量应保证其吃饱且不剩食。

(5)实行生态养殖　生态养殖是室内加温饲养与室外自然温度饲养相结合的饲养方法。即种虫可以选择室内或塑料大棚加温饲养,这样可以常年繁殖,所产卵鞘在室内控温条件下常年孵化,孵化的幼龄若虫饲养密度大,占室内的饲养池面积小,待养到 4 龄虫以后,抗异能力增强时移到室外池饲养。

室外池可以多建一些,投放密度可以小一些,饲料相对粗一些,让其接受自然环境的变温锻炼。春天温度回升到 15℃左右,秋天温度开始下降时,池上可以加盖塑料膜透气、保温、提高池内温度,延长室外饲养生长期。春、秋两季生长期可以延长两个半月,冬季繁殖的幼龄若虫到翌年秋季可以收获。

收获时将经过自然变温锻炼的成虫经过认真选择,从大群中选出最好的个体留作种虫,移入室内加温精心饲养,再繁殖下一代。所以说生态饲养即为室内加温精养种虫和幼龄若虫,室外自然温度饲养中龄若虫和老龄若虫。这样既可以扩大饲养规模,又减少室内饲养加温加大饲养成本,是一种科学的饲养方式。

(三)地鳖的繁殖技术

地鳖繁殖技术是生产中的重要环节,在人工饲养条件下,饲养人员操作得好,雌成虫产卵多,孵化幼龄若虫多,成活率高,生产效果好。

1. 产卵成虫的管理

(1)成虫的交配与产卵 地鳖的雄性若虫经过 7～9 次蜕皮、雌性若虫经过 9～11 次蜕皮发育为成虫。一般雄性若虫比雌性若虫早成熟 2 个月,而雄虫成熟后 1 个月左右就老化死亡,所以同一批虫,雄虫不能与雌虫配种,只能是晚孵化 2 个月的卵鞘孵出的雄虫才能与本批雌虫交配。

雄性若虫发育成熟后长出 1 对翅膀能飞,也能在饲养池中爬行。雌性成虫无翅,发情交配阶段能分泌雌性激素,引诱雄虫来交尾,所以雄成虫与雌成虫在一个池内饲养时不会逃跑。雄成虫交尾后 1 个月左右死亡,雌成虫交尾 1 个月后开始产卵,交尾 1 次终生能产受精卵,在加温饲养的情况下连续产卵期达 9～11 个月。卵在雌成虫体内呈浆液状,产出后遇空气卵壳便凝固变硬。许多卵粒黏在一起形成卵鞘。卵鞘呈棕褐色,荚果状,长 0.5 厘米,一侧边缘呈锯齿状。雌成虫产卵鞘很慢,1 个卵鞘要 5～7 天,一昼夜产下 5 个锯齿长,脱落前一直连在生殖孔上,像拖着尾巴一样,即"拖炮"。1 只雌成虫 1 个月产 6～8 个卵鞘。每个卵鞘中卵的数量不等,含卵 6～30 个,平均 12 个。随着温度降低,雌虫产卵速度放慢,到冬眠时产卵停止。到第二年春季气温升至产卵期温度时,继续产卵。在人工加温条件下,室内温度达到 18℃以上雌成虫仍继续产卵。

(2)产卵期的管理 产卵期雌虫的饲养管理水平比其他时期要高,要求饲养密度小、营养水平高、饲料要全价,目的是收获更多质量更好的卵鞘。雌成虫有吃卵鞘的习性,有时能吃掉半数以上的卵鞘。为避免这种事情发生,减少损失,在饲养上要给雌成虫增加动物性饲料的比例,丰富其营养。从管理上一方面要增加饲养土的厚度,同时要及时筛取饲养土表层的卵鞘。一般 5～7 天在饲养土表层加一层新饲养土,10～15 天筛取卵鞘。如果管理得好,卵鞘的损失率不会超过 10%。

卵鞘的筛取方法:首先用 2 目筛把雌成虫筛出来,筛取的雌成虫要立即放养在备用的池内,健壮的个体会很快钻入饲养土中,剩下个别老、弱、伤、残个体拾出,处理后作药出售。筛下的饲养土和卵鞘,再用 6 目筛把饲养土筛下,剩下卵鞘。饲养土可以留下继续使用,把其放入备用池中,使用时再加一部分新配制的饲养土,经过消毒即可使用。

收取表层卵鞘的方法:先用 4 目筛把表面 0.5 厘米厚的饲养土刮下来筛一次,除去食物残片、死地鳖、残地鳖,再用 6 目筛把卵鞘筛出,饲养土倒入备用池中。筛卵鞘的动作要轻,尽量避免碰撞筛子壁或与筛底强烈摩擦,否则会伤及地鳖的肢体及雌成虫尾部拖着的卵鞘。

2. 卵鞘的处理与保存

(1)清洗 卵鞘的一侧呈锯齿状,这实际是锯齿状排列的气孔,卵鞘内卵的"呼吸"是通过气孔获取氧气。卵鞘从饲养土中筛出,如不经过清洗,气孔有可能被泥土堵住,影响卵的"呼吸",也影响以后卵的孵化率,所以筛出后必须及时清洗。

清洗的方法是:在容器里盛满清水,水温与室温一致,然后把装有卵鞘的 6 目筛置于容器内轻轻漂动,洗去卵鞘表面的泥土,然后在纱网上晾至卵鞘表面无水时收起来。不能在直射阳光下晒或烘烤,这样影响孵化率。每次清洗时,卵鞘的数量不能太多,太多时往往卵鞘在水中散不开,漂洗不彻底,经保存后质量受影响,每次漂洗筛中放 0.5～0.7 千克为宜。漂洗时动作要轻,要掌握漂洗速度,每批漂洗时间 2～3 分。

（2）消毒　漂洗晾去卵鞘表面水分后，用 0.2％的高锰酸钾溶液浸泡消毒。浸泡时间 2 分，捞出来晾去表面水分后妥善保管。

消毒后的卵鞘可以马上就孵化，这样孵化率更高；如果不马上孵化，应保存越冬。保存越冬的卵鞘应拌一些新配的饲养土，置于容器中，埋入饲养土中。饲养土在容器外堆的深度应与容器口平而又略低于容器口，然后覆盖棉絮或干草等保温。拌入卵鞘中的饲养土湿度要低于饲养地鳖时的湿度，含水量在 5％～10％。饲养土太湿卵鞘容易发霉。发霉的卵鞘，内部卵和内容物腥臭，并在卵鞘口处长出白色菌丝与饲养土结成块状。

3. 卵鞘的孵化

孵化分自然温度孵化和人工控温孵化，自然温度孵化一般在夏季，有其时间性；人工控温孵化一年四季都可以进行。

（1）自然温度孵化　适于 8 月中旬以前产的孵鞘，见图 2-39。其方法是：将 4 月中旬至 8 月中旬产的卵鞘按月收集，分别放入容器。8 月中旬以后产的卵鞘与第二年 4 月下旬以前产的卵鞘应安排同期孵化。孵化用的容器多种多样，可以用饲养池，也可以用钵、盆、缸和塑料箱等。孵化容器中放孵化土，孵化土最好颗粒状，大小似米粒。取回的土要经过消毒过筛处理，保持无菌、透气性好，以免堵塞卵鞘的气孔。孵化土的相对湿度在 20％左右，孵化前期偏干一些，孵化的后期偏湿一些。孵化土和卵鞘的混合比例为 1∶1。把卵鞘与孵化土混合均匀，混合后孵化土不能过湿，也不能过干。过湿会造成卵鞘霉烂，太干了会使卵鞘失水而干涸，幼龄若虫孵出率低。

孵化过程中发现孵化土过干也不能直接喷洒水，直接洒水卵鞘侧面的气孔容易堵塞，影响卵活力，降低孵化率。正确的方法是：当发现孵化土过干时，应把拌有卵鞘的孵化土筛出，加水调好湿度重新拌入卵鞘，或用新配的孵化土调好湿度拌入卵鞘。

孵化时间长短随气温的高低而不同。5 月开始孵化时，到 7 月底可以全部孵出。8 月上、中旬的卵鞘，到 10 月下旬和 11 月上旬孵出。温度恒定，孵化期也比较稳定。一般来讲，25℃的条件下，孵化

图 2-39　自然温度孵化

期为 50～60 天;30℃的条件下,孵化期为 35～50 天。最佳孵化温度为 30～32℃。

在孵化过程中,孵化土和卵鞘的混合料每天应翻动 1 次,使其上下、里外的温度和湿度比较均匀,这样胚胎发育速度均匀,出虫整齐。孵出幼虫后,先用 6 目筛筛出卵鞘,再用 17 目筛筛出刚孵化出的若虫。筛出的若虫先放入容器内暂养几天,待其脱第 1 次皮后,可以移入幼虫饲养池中饲养,每平方米池面养 18 万～20 万只。

卵鞘孵化阶段还要注意清除粉螨。一般在成虫饲养池中,粉螨最容易产在卵鞘上,在 30℃左右的孵化条件下,粉螨卵 20 天左右孵出,这时我们可以看到卵鞘表面有密集的小点,在光线较强地方可以看到小点还会动,这就是粉螨的幼虫,可以用过筛的办法逐渐清除。其方法是,先用 17 目筛筛取,把卵鞘留下,把饲养土与粉螨一起筛除弃之,重新换上新的饲养土。一般 2～3 天筛 1 次,可以清除粉螨。如果在孵化期内不注意筛除粉螨,孵化出的粉螨不仅危害刚孵出的幼龄若虫,还会被幼龄若虫带入饲养池,大量繁殖后带来很大危害。

临近孵化后期,若虫大部分破壳而出,这时每 2 天收取 1 次若虫。其方法为,先用 6 目筛把卵鞘筛出,筛的若虫和饲养土再用 17 目筛过筛,一些细土粒和粉螨幼虫被筛除,剩下的地鳖若虫和孵化土置于容器中饲养。筛出的卵鞘再以 1∶1 的比例拌入孵化土继续孵化,经过 2～3 天有大量的若虫孵出时,再用上述方法进行筛选,直到全部出完为止。收集幼虫应与筛除粉螨幼虫结合起来。

（2）人工控温孵化　在晚秋、冬季和早春气温比较低的条件下，人工加温促进卵内胚胎发育，完成孵化工作，见图2-40。加温孵化的其他方法与自然温度孵化一样，温度在人工控制下比较恒定，孵化率较高。

图2-40　人工控温孵化

人工控温孵化有两种方式：一种是与加温饲养相结合，就是在控温饲养室内孵化；另一种是人造小型恒温装置。因孵化出的若虫必须控温饲养，所以普遍采用与加温饲养相结合的人工控温孵化。

采取与加温饲养结合的控温孵化方法，应把加温饲养室温度控制在25～30℃，并把孵化容器放在多层饲养架的上层，保证孵化容器内的温度在30℃以上，这样孵化期为35～50天。控温孵化要做的工作有两方面：一是每天翻动孵化土和孵鞘1次，保持温度和湿度平均，出虫一致；二是在孵化容器表面盖两层湿纱布，保持孵化土的湿度。

六、地鳖的饲养管理

（一）饲养用具

1. 筛选用具

筛选用具是用来筛土、筛地鳖的，见图 2-41。地鳖需按龄期分池，采收成虫、卵鞘等都需要筛子。筛子的型号是目，所谓的目就是每英寸（2.54 厘米）长度上筛孔的数目，并以此数目为目数。如 1 英寸长度上有 6 个孔的即为 6 目筛。

图 2-41　筛选用具

（1）2 目筛　筛取收集成虫。

（2）4 目筛　筛取 7~8 龄老龄若虫时使用。

（3）6 目筛　筛取卵鞘、筛下虫粪时使用，也可以筛一般小若虫。

（4）12 目筛　用于分离 1~2 龄若虫时使用。

（5）17 目筛　用来筛取刚孵化出来的若虫，筛除粉螨时使用。

筛的规格有两种，即 30 厘米×30 厘米×7 厘米和 45 厘米×45 厘米×8 厘米。前一种适于家庭养殖户使用，后一种适于大规模饲养用。筛子的结构由筛网和筛框两部分组成。筛网可以选择铜丝、不锈钢丝等编织而成，要光滑，筛动时阻力小，不损伤虫体，减少伤亡,用木条钉牢。筛框一般用木板、铁皮、塑料板等比较光滑的材料制成,圆的、方的均可。框厚 1.5 厘米左右。

2. 饲料盘

为了避免饲料落在饲养土表面潮湿后发霉,喂饲地鳖时要盛在容器里。目前有两种方法,一种是钉制木质食盘,另一种是用塑料膜或比较浅的塑料盘,可以到市场上去选购。自己钉制木质食盘,可用薄木板,也可以用三合板,厚度 0.3~0.5 厘米,四周钉上梯形小木条,小木条高 0.5~0.8 厘米,坡度 45°,防止饲料散到养殖土上。

饲料盘规格大小可分为大、中、小 3 种。

大饲料盘:50 厘米×30 厘米,供饲养成虫和老龄若虫使用。

中饲料盘:30 厘米×20 厘米,供饲养中龄若虫使用。

小饲料盘:20 厘米×15 厘米,供饲养 3~4 龄的若虫使用。

每平方米成虫或老龄若虫池,可放 2 个大盘;每平方米中龄若虫池中可放 3~4 个中饲料盘;每平方米 3~4 龄若虫池中可放 5~6 个小饲料盘。

3. 其他饲养用具

(1)塑料盆 要准备 2~3 个大型塑料盆,圆形的、椭圆形的、长方形的均可以;准备 3~5 个小型塑料盆,用于转池时、配制饲养土时暂放原料。

(2)平土小锄头 小锄头宽 15 厘米,月牙形,把长 50 厘米,用来平整饲养土,或刮取饲养土表层掉的饲料、菜叶等。

(二)饲料与营养

地鳖的饲料与其他的动物饲料一样,内含有 5 种营养素,包括蛋白质、脂肪、碳水化合物、维生素、矿物质。饲料中这 5 种营养素含量丰富,比例合理,能满足各种动物及各生长阶段的营养需要。

1. 蛋白质

蛋白质是生命的基础,是构成细胞的重要成分,是机体所有组织和器官构成的主要原料,是参与机体内物质代谢不可缺少的物质。蛋白质在动物代谢过程中也释放能量,也是动物体内能量来源之一。1 克蛋白质在动物体内氧化时,能产生 17.16 千焦的热量,所以说蛋白质是地鳖生长发育和繁殖必需的营养物质。蛋白质的营养值是构成蛋白质的氨基酸的含量。氨基酸有 20 种,动物必需氨基酸构成全面,比例适当、平衡,营养价值就高,否则营养价值低。动物体不能合成的为必需氨基酸,只能从饲料中摄取,如苯丙氨酸、异亮氨酸、色氨酸、亮氨酸、赖氨酸、甲硫氨酸、苏氨酸、缬氨酸等,其余的非必需氨基酸,动物体可以合成。

2. 脂肪

脂肪是地鳖体内不可缺少的营养物质,是细胞不可缺少的重要组成部分,细胞核、细胞质都是由蛋白质、脂肪结合而形成的复杂的脂蛋白组成的,一切组织均含有脂肪。脂肪含有大量的化学潜能,1克脂肪在动物体内完全氧化,可以释放 38.93 千焦的热量,比同重量的蛋白质或碳水化合物高 1 倍以上。所以,脂肪是地鳖体内供给热量的物质,也是体内储存能量的最好方式。在自然温度下,地鳖在秋季进入冬眠期之前食量增加,吸收的营养物质一部分供自体消耗,多余的部分转化成脂肪储存在体内,供冬眠期体内能量消耗。同时脂肪是脂溶性维生素 A、维生素 D、维生素 E、维生素的有机溶剂,这些维生素的吸收、在体内的运输都离不开脂肪。

地鳖所需要的脂肪是通过饲料中的脂肪、碳水化合物经消化转化而成的,不需要额外添加含脂肪高的饲料。而对于某些脂肪酸,如亚油酸和亚麻酸等,地鳖体内不能自行合成,需要从饲料中获得,缺乏这些脂肪酸对其生殖会造成不良影响。另外,地鳖也不能合成甾醇类物质,故甾醇类也是必需营养物质,主要有胆甾醇、脱二氢胆甾醇、麦角甾醇、β-谷甾醇和豆甾醇。在动物性饲料、杂粮、油料的饼粕中都存在,可以适量在饲料中添加一些就不会出现缺乏现象。

3. 碳水化合物

地鳖体内各组织、器官的活动都需要消耗能量,来源主要靠饲料中的淀粉消化后分解成的糖的氧化所提供,1 克糖在地鳖体内氧化可产生 17.16 千焦的热量。糖还是构成地鳖体内组织的原料。如五碳糖是核糖核酸的组成部分。糖在地鳖体内还可以与蛋白质结合成糖蛋白、核蛋白等,也是组织的组成成分。糖在地鳖体内可以转化为脂肪储存在体内,待体内需要时,脂肪又可以转化为糖供代谢需要。

碳水化合物在谷物类饲料中,以及麦麸、细糠、植物块根、块茎中含量丰富,这类饲料原料应占饲料总量的 50％以上。

4. 维生素

维生素是地鳖机体正常生活不可缺少的物质,对体内的新陈代谢起着重要作用。地鳖身体对维生素的需要量很小,但又很重要,缺乏了就容易出现疾病。地鳖体内不会合成维生素,体内所需的维生素必须从饲料中摄取,如果饲料不注意搭配维生素含量高的原料,或不重视添加维生素,体内一旦缺乏维生素,就容易出现代谢失调、生长迟缓、发育不良、发生疾病甚至死亡。

维生素分两大类,即脂溶性维生素,包括维生素 A、维生素 D、维生素 E 和维生素 K;水溶性维生素,即 B 族维生素和维生素 C,B 族维生素包括维生素 B_1、维生素 B_2、泛酸、胆碱、烟酸、维生素 B_6、维生素 B_{12}、生物素。B 族维生素和维生素 C 存在于绿色多汁饲料中。饲养地鳖时注意搭配青绿饲料一般不会缺乏这类维生素。夏季每天青绿饲料供给量应占饲料总量的 20％～30％,除满足以上的维生素外,还能满足地鳖对胆碱、肌醇、吡哆醇的需要。如青绿饲料不足,可在饲料中添加复合维生素。

5. 矿物质

矿物质是地鳖生长发育不可缺少的物质,常量物质:钠、钾、氯、钙、磷、硫、铁、镁等;微量物质:铜、锌、碘、硒、钴、锰等。这些物质不是给动物供给能量的物质,但却有特殊的生理意义,是维持其生命活动不可缺少的物质,一旦缺少了必需的物质,轻则引起疾病,生长迟缓,重则引起死亡。

饲料种类与评价

地鳖饲料的主要营养素包括蛋白质、脂肪、碳水化合物、维生素、矿物质等。碳水化合物是提供能量的物质。而蛋白质中氨基酸多少,必需氨基酸多少及比例,脂肪中亚油酸、亚麻酸、甾醇等含量多少,是决定其营养价值的物质。所以评价一种饲料原料就要知道它的含量多少能明显促进地鳖的生长发育和繁殖。

(1)动物性饲料 这类饲料营养价值最高,蛋白质中氨基酸齐全,必需氨基酸也齐全,比例平衡,属全价饲料原料,在饲料中应注意添加。这类饲料原料有鱼粉、蚯蚓粉、血粉、肉骨粉等,不但生长速度快、若虫生长期会缩短,而且雌成虫繁殖率提高,产卵多,卵鞘大。

(2)杂粮、糟粕类饲料 在这类饲料中,以油料的饼粕类营养价值较高,主要是蛋白质含量高。但是蛋白质中氨基酸的比例,没有动物性饲料平衡,与动物性饲料搭配使用,可提高其营养价值。其次是细米糠、麸皮这些饲料可以作为精饲料添加。

(3)青绿饲料 这类饲料中蛋白质、脂肪、碳水化合物含量低,水分含量高,维生素类含量高,是补充水分、补充维生素最好的饲料,应占饲料总量的 20%～30%。这类饲料容易获得,价格低廉,有的自己就可以收集不用花钱。在中原地区和南方,各地都可以常年使用。一般每年 11 月到翌年 5 月,用各种青菜;5～11 月用桑叶、刺槐叶、杨树叶等。

(4)牧草类饲料 这类饲料蛋白质含量高,如牧草中的苜蓿草、红三叶和白三叶草的干草粉蛋白质含量达 20%,可以作蛋白质饲料与其他原料搭配成全价饲料。

(5)多汁类饲料 这类饲料鲜喂可以补充水分,也可以满足营养物质的需要,还可以补充维生素。特别是胡萝卜

中β-胡萝卜素含量丰富,此种物质是转化维生素A的主要物质,对满足维生素A起决定作用。

(6)酵母 酵母中含有必需的维生素和丰富的蛋白质。在北方的冬季青饲料不足时,可以在饲料中搭配酵母,既能补充蛋白质,又能补充维生素,以满足地鳖对这些物质的需要。

(三)饲养与管理

饲养与管理是地鳖生产中的重要部分。饲养管理科学,地鳖繁殖力高、生长发育好,能缩短若虫生长期,可提前收获。

1. 饲料配制原则

(1)多种原料搭配 地鳖是杂食昆虫,在野生情况下,吃多种食物。在人工饲养情况下只有多种原料搭配,营养才能全面、丰富,方能满足其生长发育、繁殖的需要,生产效果才好。

饲料配合应以米糠、麦麸、苜蓿草粉、鲜牧草、甘薯叶、瓜果之类为主,这类原料适口性好,成本低,营养价值也不低。但是,搭配一些玉米粉、碎米、鱼粉、蚕蛹粉、血粉、肉骨粉等,再搭配一些青绿饲料和多汁饲料更为理想。饲料单一效果不好,容易出现营养缺乏,影响其生长发育和繁殖。

(2)一般搭配饲料的调制 地鳖的饲料原料中,谷物籽实、饼粕等需要粉碎;动物性饲料除鱼粉、蚕蛹粉、血粉、肉骨粉以外,若用生的还得煮熟;青绿饲料、多汁饲料、嫩野草可生投,但必须洗干净。

饲料调制,首先应把粉碎的原料、动物性饲料粉按比例配好,混合均匀,再加入贝壳粉或肉骨粉、磷酸氢钙、酵母、食盐,按比例混合均匀制备成精饲料备用。

然后把青绿饲料、多汁原料洗净并切碎拌均匀后,再加入已配制待用的精饲料继续搅拌均匀,干湿程度握之成团,触之即散。干湿程度要根据饲养土的干湿灵活掌握,饲养土偏干时,饲料可以偏湿一些;饲养土偏湿时,饲料可偏干一些。都不能过湿。

2. 饲料配方

(1)农户用饲料配方

配方 1:玉米粉 50%、豆饼粉 10%、肉骨粉 7%、麦麸 25%、牧草粉 8%。

配方 2:干粉鸡粪 50%、米糠 20%、肉骨粉 5%、鱼粉 2%、麦麸 13%、苜蓿草粉 10%。

(2)商品用饲料配方

配方 1:麦麸 43%、玉米粉 38.6%、酵母粉 4.3%、琼脂 2.1%、蔗糠 3%、干菜叶粉或牧草粉 9%,另加部分维生素。

配方 2:玉米 20%、麦麸 20%、米糠 10%、豆饼粉 10%、蚕蛹粉 5%、牧草粉 25%、肉骨粉 2%、油脂下脚料 2%、贝壳粉 3%、酵母粉 3%。

(3)地鳖不同龄期饲料配方(表 2-1)

表 2-1 地鳖不同龄期饲料配方(%)

饲料种类\虫龄	玉米	碎米	麦麸	米糠	豆饼粉	鱼粉	南瓜	青饲料	鸡粪	油脂下脚料	肉骨粉	贝壳粉	磷酸氢钙	酵母粉	畜用鱼肝油
1 龄若虫			35	35	8	5	4	10			2	1			
2~3 龄若虫	6	5	15	15	8	5	20		20		2	1	1	1	1
4~6 龄若虫	6	10	17	17	7	3	20	13		1.6	1	2	0.8	1	0.6
7~9 龄若虫	5	10	20	10		5	20	15		0.8	1.5	2.5	1	1.4	0.8
10~11 龄若虫	7	10	21	15	10	5	15	8.5		1	1.5	2.5	1	1.5	1
产卵成虫			25	18	17	5	17	10		1.2	1.5	3	1.5	1.6	1.2

3. 饲料投放

虫龄不同、季节和发育阶段不同,觅食方法、觅食时间和觅食量各不相同,所以,投食方法也不相同。

（1）投食方法　1～4龄的若虫体小，活动能力弱，一般不出土觅食，而是在饲养土的表层觅食，而且多集中在边缘。投食方法是，将饲料撒布在饲养土边缘的表面，并在饲养池的四周边缘多撒一些，撒完后用手指插入饲养土2厘米左右，来回耙2次，使饲料混入表层饲养土中，便于幼龄若虫取食。幼龄若虫无取食青绿饲料的能力，可以不喂青绿饲料。

5龄以上的若虫都能出土觅食，为了使若虫出土觅食时不把泥土带到饲料盘内污染饲料造成浪费，可在饲养土表层撒一层经过发酵腐熟后又晒干了的稻壳。把饲料放在饲料盘内，饲料盘放在稻壳上，当若虫出去觅食时经过稻壳层，可将虫体上所粘的土清除掉。虫爬到饲料盘中吃食时，不会把土带到盘里，可以保持盘里清洁。

（2）每天投放饲料的投放次数和投放量　每天投放饲料的次数应根据季节的变化灵活掌握，不能一成不变。一般来讲，温度较低的月份每2天投饲1次。高温月每天投喂1～2次，这是因为除了低温天气饲料不容易变质、高温天气容易变质外，更重要的是低温时虫体代谢水平低、食量小，高温时虫体代谢旺盛、食量大。

饲料投放量根据气温高低和饲养密度大小。一般来讲，气温高的时期每天投饲量应相对气温低的时期要多投一些；气温低的时期每天投饲量应比气温高的时期要少。另外，每天投饲量还要根据饲养密度而定，饲养密度大的饲料要多投，密度小的饲料消耗少，每天应少投一些。究竟每天投饲多少，应根据饲料消耗量而定，原则上掌握"精饲料吃完、青饲料有余"，既要若虫吃饱，又不浪费。地鳖若虫每次蜕皮前后食量减小，蜕皮期间完全停食，投食时也要掌握这一规律。

每天投饲量多少，也应按万只虫数计算。表2-2为万只虫体不同月龄不同种类饲料投饲量，可以在生产中作参考。

表 2－2　地鳖万只虫体饲料搭配量

饲料种类 若虫月龄	米糠（千克）	青饲料（千克）	残渣（千克）
1 月龄	0.25	0.50	0.25
2 月龄	0.50	2.00	1.00
3 月龄	1.25	4.00	2.50
4 月龄	2.00	6.00	4.00
5 月龄	3.00	8.00	6.50
6 月龄	4.00	12.00	8.00
7 月龄	5.00	16.00	11.00
合计	16.00	48.50	33.25

4. 地鳖的管理

地鳖的科学管理主要是给其创造适宜的环境,满足其对环境因素的要求,而不是让它适应饲养者固有的条件。在野生条件下,地鳖可以迁徙,即这一个小环境不适宜它们生长发育和繁殖的要求时,它们可以迁徙到其他地方去生活;而在人工饲养条件下,饲养密度很大,而且有防逃措施,如果环境条件不适宜,就只有等待死亡降临。所以,管理就是研究如何为地鳖创造近似野生的生活环境。

（1）饲养室空气要新鲜　饲养室在春、夏、秋 3 季每天都要打开门窗通风换气,保持室内空气新鲜。如果天气干燥,开门窗通风换气会降低饲养室的湿度,对地鳖生长发育不利,这时可以适当增加饲养土的湿度,或者随时关注饲养土的湿度,发现其表层湿度降低,马上洒水增湿;或在饲养土上覆盖一些含水量大的菜叶,也能防止养殖土表层水分蒸发。

冬季室内温度偏低的情况下仍然要每天通风换气。冬季通风换气容易降低室内温度,解决这一矛盾的办法是:每天 12:00～15:00,室外气温高的时候开窗通风换气。如果通风换气后室内温度下降较多,可以及时关闭门窗,不让室内温度落差太大。

（2）饲养室和饲养土温、湿度控制（表 2-3） 地鳖生长发育和繁殖有临界温、湿度和最适宜温、湿度。在临界温、湿度内能正常生长发育和生殖，只是愈接近临界温、湿度，生长发育愈缓慢；愈接近最适宜温、湿度，生长发育愈快，生殖情况愈好。地鳖生命活动的临界温度为10～35℃，低于 10℃，随着体温降低，体内新陈代谢速度也降低，随之进入冬眠期；室内温度超过 35℃，地鳖情绪不安，四处走动，食量减少，生长发育速度减慢；当温度升高到37℃之后，体内水分蒸发量增加，容易出现因脱水而死亡的现象。

地鳖生命活动适宜温度为 15～32℃，在这一温度范围内随着温度升高，新陈代谢愈旺盛，生长发育愈快。地鳖生长发育最适温度为25～32℃，在这一温度范围内地鳖食欲旺盛、食量增大、生长迅速。所以，在人工饲养条件下要给地鳖创造最适宜的温度，使其迅速生长，缩短生产周期，提高经济效益。

地鳖的湿度控制分两部分，即饲养室湿度控制和饲养土湿度控制。饲养室的相对湿度应控制在 70%～80%，饲养土的相对湿度应控制在 15%～20%。

表 2-3　人工饲养条件下地鳖生活环境温、湿度控制

温、湿度 虫期	温度 （℃）	饲养土相对湿度 （%）	室内相对湿度 （%）
孵化期	28～30	20	80
幼龄若虫期	28～32	15	80
中龄若虫期	28～32	20	75
成虫期	25～28	18	70

（3）饲养土厚度控制　饲养土是地鳖居住环境，除了科学配制以外，还要按虫龄控制厚度。幼龄若虫由于体小、力量小，多生活在饲养土的表层，所以饲养土的厚度应薄一些；相反，成虫个体大，有能力往土里钻，加上有避光特性，习惯往深土层钻，所以饲养土要厚一些。在人工饲养条件下，地鳖饲养土厚度如下：幼龄若虫养殖土厚度为5～8

厘米;中龄若虫为8~12厘米;成虫期为12~15厘米。夏季,中龄若虫、成虫饲养土还可以再厚一些,底层温度低,天热时往下钻避热。

(4)搞好饲养室卫生 饲养室清洁卫生工作很重要,每天打扫1次,平常注意保持清洁,病菌就没有滋生之地。

饲养池内也应经常保持清洁。日常注意的事项是:饲养土表面掉的饲料要及时刮除,否则时间久了会发霉,污染池内饲养土,使地鳖生活环境恶化;饲养池内投放的青绿饲料,到一定时间吃不完要及时拣出,不然时间长了会腐烂,地鳖吃了会发生消化道疾病。

除保持室内卫生、饲养池卫生以外,饲养用具也应保持清洁卫生,饲料盘每天都要清理1次剩食,冬季每周消毒1次,夏季每天清洗1次,每2天用0.2%高锰酸钾溶液浸泡消毒1次。

(四)饲养密度

地鳖在饲养土中群居生活,饲养密度可以大一些,但不能太密。密度太高时因饲养土内氧气不足、排便多会使其生存环境恶化,造成死亡。另外,密度大由于投料不足出现争食现象,会出现成虫吃若虫和卵鞘的现象。所以,地鳖饲养密度要合理。

1. 地鳖虫龄、虫形划分

地鳖饲养过程中,为了方便管理,通常把刚孵出的幼虫到成虫划分为5个类型或5个阶段。

(1)芝麻形 指刚孵出的幼龄若虫。体型小,体色白,形似芝麻,虫龄为1龄若虫。

(2)绿豆形 指虫体似绿豆大小。从芝麻大小长到绿豆大小需要1个月左右,虫龄为2~3龄若虫。

(3)黄豆形 指虫体似黄豆大小。从绿豆大小的虫体长到黄豆大小的虫体需要2~3个月,虫龄为4~6龄若虫。

(4)蚕豆形 指虫体有蚕豆大小。从黄豆形虫体长到蚕豆形虫体需要2个月,虫龄为7~9龄若虫。

(5)拇指形 即为成虫,似拇指大小,体长3~3.5厘米。从蚕豆形虫体长至拇指形虫体需要2~3个月,虫龄为10龄以上。

在良好的饲养管理条件下,从刚孵出的若虫到成虫连续生长

8～10个月。如果在自然温度下,不采取任何加温措施,从刚孵出的若虫生长发育为成虫,大约需要两年半。

2. 地鳖的饲养密度与产量

地鳖的饲养密度与产量的关系不是恒定的线性关系,随着饲养条件和饲养管理水平的不同而差异很大,在生产过程中饲养户或饲养场应创造良好的条件,不断提高饲养管理水平,尽量提高生产效率,争取最好的经济效益。

(1)最佳饲养密度与产量 生产实践证明,最佳的饲养密度与产量的关系见表2-4。

表2-4 1千克卵鞘各龄期虫口数和所需池的面积

虫　形	饲养土厚度（厘米）	饲养池面积（米²）	虫口数量（万只）	每平方米极限重（千克）
芝麻形	7	1	18	1
绿豆形	7	2	16	2.5～3
黄豆形	9	4	14	9～10
蚕豆形	15	8	13	11.5～13
成　虫	18	12	12	30

在最佳饲养管理条件下,1千克卵鞘能孵化出18万只的芝麻形若虫,这时只需要1米²饲养池;经过1个月左右的生长,达到绿豆形若虫,由于幼龄若虫死亡率高,这时只剩16万只左右,需分到2米²池子内饲养,每平方米饲养池只能养8万只绿豆形若虫;……由蚕豆形若虫再经过2～3个月的生长发育,虫龄已达到10龄以上,生长发育已连续10个月,已达到拇指大小,可以作商品虫处理。这时只剩下12万只了。

每千克活虫有600只,12万只活虫重200千克,活虫变干虫,干品率为40%,即2.5千克活虫出1千克商品,应出商品80千克。

(2)一般饲养管理条件下的饲养密度与产量 在生产实践中,由于种种原因,与最佳产量会有一定的距离。只要在饲养前做好充分准备,并努力学习饲养管理技术,这一差距就会缩小,可以取得较好的经济效益。一般饲养管理条件下,1千克卵鞘所孵出的幼虫及各虫形期成活数和产量见表2-5。

表2-5　1千克卵鞘一般饲养管理条件下
各虫形期成活数、饲养面积及产量

虫　态	饲养土厚(厘米)	饲养池面积(米²)	虫口数(万只)
芝麻形	7	1	18
绿豆形	7	2	15
黄豆形	9	4	12
蚕豆形	15	6~7	8~10
成　虫	18	8	6

由表2-5可以看出,1千克卵鞘孵化出芝麻形若虫18万只,此时只需1米²的饲养池;到绿豆形若虫时,虫口数已降低到15万只,这时需要饲养池面积2米²;到黄豆形若虫时,虫口数已降至12万只,需要饲养池4米²;……到成虫期,虫口数可能在6万只左右,需饲养池8米²。

以每千克活虫600只算,6万只活虫重100千克,40%的折干率,可获商品干虫40千克。

初养户由于初次饲养,操作经验、饲料营养不足,获商品率更低一些,一般是20~30千克,有的更低一些。

(五)分级饲养管理

同一批孵化出的若虫,由于体质强弱的差异、在饲养池所处的位置的差异以及食欲的差异等原因,从幼龄若虫到成虫的发育过程中,其体形大小能差1~4个龄期,有的饲养者不懂地鳖的一些特性,把幼龄若虫、中龄若虫、成虫等混养在一个池中,由于密度大,饲料量不足,温、湿度不适或其原因,常会出现大虫吃小虫、强虫吃弱虫、成虫吃卵鞘等现象,给生产带来损失。所以,分级管理是饲养管理中的一个重要环节。

分级管理可以根据虫龄、虫形铺设饲养土,投喂不同营养水平的饲料,有利于其生长发育。一般来讲1～3龄若虫栖息在3厘米深的饲养土中,4～5龄若虫栖息在3～6厘米深的饲养土中,6～8龄若虫栖息在6～9厘米深的饲养土中,9～11龄的老龄若虫栖息在9～12厘米深的饲养土中,成虫栖息在12厘米以下的土层中,可以根据地鳖的这一特性,分级铺设养殖土的厚度。

地鳖分级管理,可以分为4级,即幼龄若虫池、中龄若虫池、老龄若虫池、成虫池,不同级别的饲养池铺设不同深度的饲养土,实行不同的管理方法。

1. 幼龄若虫的管理

幼龄若虫是指1～3龄的若虫,即从芝麻形长到绿豆形的阶段的虫。刚孵化出的幼龄若虫形似芝麻,体白色,虽然很活跃,但是其活动、觅食、抗异能力最差,是饲养全过程中最难管理的阶段。它们既不能生活在较深饲养土中,又不能吃一般的饲料。试验发现刚孵化出的幼龄若虫不吃食,也没有吃青绿饲料的能力,在疏松、肥沃的饲养土中不需要喂饲料就能维持体能,蜕1～2次皮,这可能是从卵中孵化出来后包在体内未消耗完的卵黄继续消耗而释放出的能量维持体能。所以,这一阶段的饲养土要细,腐殖质含量应丰富,湿度适中,土质应疏松。可用塑料箱、塑料盆等小型容器作饲养容器,饲养土铺6～7厘米厚,在饲养土的表层撒一些米糠、麦麸等饲料,用手指耙入饲养土表层,让其练习吃食。

幼虫经过1次蜕皮后,已经有取食能力,但咀嚼式口器很弱,为了便于其生长发育,要投给它们喜欢吃的麦麸、米糠,还要给它们投一些植物花,如南瓜、角瓜等的雄花,因这些嫩花营养丰富、香味诱人、适口性强、易消化。喂的方法是把这些花切碎与麦麸或米糠拌在一起撒在饲养土表层。投喂前将麦麸和细糠炒半熟,炒出香味,激发其食欲。

2龄后幼虫吃食能力增强,管理要做好以下几方面工作:

(1)饲料中要多加动物饲料 如鱼粉、蚕蛹粉、肉骨粉、血粉等,并加入一些畜禽生长素、酵母等添加剂,促进其生长发育。

(2)白天投饲后要进行遮阳 以利于幼虫出来吃食。幼虫虽然习惯白天外出吃食,但仍然怕强光,所以投饲后创造阴暗环境便于其出土觅食。

(3)清除表层饲养土　每2天清除1次饲养池(盆、箱、钵)中饲养土表层的剩余饲料,以防霉变污染饲养土,使虫体发生疾病。清除表层饲养土的方法是:白天揭开饲养池上的遮阳物,透进强光。由于幼若虫怕强光,就往饲养土深处钻,经过1~2小时方可以刮取表层带饲料的土。刮饲养土的表层也不能深,因这时幼虫入土深度只有3厘米左右,刮得深了会把若虫一起刮走。

(4)饲养密度　1龄虫18万只/米^2,2~3龄虫8万只/米^2。

2. 中龄若虫的管理

中龄若虫是指4~7龄的幼虫,生长期已达3个月左右,经过2次以上蜕皮,由绿豆形变为黄豆形若虫。随着虫体长大,活动能力增强,食量逐渐增加,抗异能力提高,对饲料的适应能力愈来愈强。这时的饲养管理要做到以下几个方面:

(1)做好饲料搭配工作　中龄若虫是虫体生长最快的时期,食欲旺盛,对饲料的适应能力也已增强。此期在饲料搭配上要适当增加青绿饲料和多汁饲料比例,适当减少精饲料的用量。但是,为了保证此期若虫生长发育的营养需要,饲料中蛋白质含量不能低于16%。同时在保证蛋白质含量不低于16%的情况下,要做到饲料多样化,以利于饲料营养互补,并增加钙、磷量,满足其生长发育和蜕皮的需要。

(2)改用饲料盘饲喂　中龄以上的若虫均出土觅食,可改用饲料盘饲喂,这种方法不污染养殖土,比较卫生。具体做法是,在饲养土表层撒一层经过发酵的稻壳,厚度3~4厘米,然后将撒有饲料的食盘放在稻壳上,地鳖从饲养土中出来时经过稻壳层,把身上的土擦掉,吃食时饲养土不会带到食盘中,保证饲料卫生。

中龄若虫饲喂次数随季节变化而变化,在自然温度的条件下,4~5月和10~11月气温偏低时,可2天投1次饲料;6~9月气温高的情况下,每天投1次饲料。投饲量也与气温有密切关系,气温高时每次投饲量要多一些,气温低时每次投饲量要少一些。每次投饲要根据饲料盘上饲料有无剩余而定,这一次投饲时盘里无剩食,下一次多投一些；如果有剩食，把剩食倒出，这一次就少投一些。另外，饲料配方要相对稳定，特别是主料不能经常变动。饲料还要干湿搭配。

（3）控制好饲养密度　若虫从刚孵化出到6龄期，每蜕皮一次，虫体增加1倍，蜕皮4～5次长到黄豆形时，身体重量增加15～20倍，这就需要不断分池，避免因密度过大生长发育受到影响，甚至出现自相蚕食。黄豆形若虫饲养密度3万只/米²，饲养土厚度为10～12厘米。

（4）控制好温度和湿度　这一时期中龄若虫生长发育快，温、湿度对其生长发育有直接影响。一般来讲，日平均气温在18℃时，中龄若虫食量明显下降，生长速度缓慢；饲养土湿度小时，地鳖体内水分散失快，体内水分不足也影响生长发育。所以，中龄若虫饲养室温度应稳定在28～32℃，饲养土相对湿度应为20%，室内空间相对湿度应在75%左右。

3. 老龄若虫的管理

老龄若虫即是8～11龄的虫体，从时间上讲已经连续生长5个月以上，体形从黄豆形长到蚕豆形。此期的若虫从生理上讲已进入生殖系统迅速发育阶段，是由若虫发育为成虫的过渡阶段。由于生理上的变化，需要营养水平比较高，即饲料中蛋白质、维生素含量需要量增加，粗饲料应减少。

地鳖进入9龄时期，雄虫日渐成熟，这时继续饲养不仅增加成本，同时会降低雄虫的药用功能。这一阶段的管理是从雄虫中选出一部分加工处理作中药出售。自然状态下雄虫占总数的35%左右，选多少雄虫留种是根据雌虫留种数来决定的。生产实践证明，留种虫的雌、雄比例应为4∶1。即留10 000只种虫，雌性应为8 000只，雄虫应留2 000只。

如何从形态上选雄虫呢？应看其胸部背板形状。雄虫胸部第二、第三节背板的弧角小于45°，雌虫这两节背板的弧角有65°。雄性第二、第三节胸部背板后缘条的形状为梯形（⌐），而雌性这两节背板后缘条为弧形（⌒）。从爬行姿势看，雄虫爬行身子稍抬起，而雌虫爬行时为伏地爬行。

随着虫体长大,每平方米饲养池投放量应为 1.4 万只,同时进食量也增加,饲养土表面会积一层虫粪,在气温高、湿度大的情况下,易发热变臭,甚至会生虱、螨,发生流行疾病。因此应定期消除,方法是,待其蜕皮后,将表层 0.5 厘米厚的粪便消除,并随时补充一些新配的饲养土。经过几次这样的处理,能使饲养池保持清洁卫生。饲养土的厚度常保持在 15 厘米深。

4. 成虫的管理

老龄若虫最后一次完全蜕皮后,无论雌虫还是雄虫都具备了生殖能力,都进入了成虫期。除留足种虫外,其余的可采收、加工、出售。由于个体的差异,同样的饲养管理条件下,老龄若虫进入成虫期也有先后,往往有的雌虫进入成虫期已经产卵了,有的老龄若虫还未蜕最后一次皮。此时的老龄若虫与成虫外部形态基本相似,如不认真分拣,分出成虫另池饲养,成虫产的卵鞘就会被老龄若虫吃掉。这时的管理工作是把雌虫拣出,转入到成虫池饲养,可以减少卵鞘的损失。

已产卵的成虫要加强营养,投给以米糠、麦麸为主的饲料,适当加一些动物性饲料,补充动物性蛋白,再加一些饼粕、肉骨粉、贝壳粉的用量,以满足成虫对多种营养物质的需要。青绿饲料也要适当增加一些,以满足水分和维生素的需要,这样可以提高卵鞘的产量和成虫的药用功效。成虫期饲料中蛋白质含量应保持在 20% 左右,饲养土厚度为 18~20 厘米。

成虫产卵期 9~11 个月,对已经产过卵的成虫收集起来,加工处理卖到药材市场去。产过卵的成虫的特征为腹部干瘪,身体扁平,体表失去光泽,形体收缩,有的还会出现断足现象,已无力往土中钻了,在土面爬行。

另外,成虫产卵后期不但产卵鞘时间延长,产卵鞘数量减少,而且所产的卵鞘质量降低。因此,只要收获的卵鞘已经满足需要了,就不要等产完卵再收获成虫,而在产卵旺期已过还没有停止产卵以前就可以把成虫收集起来,加工药用。这样既可以提高商品虫的产量,又可以提高收集卵鞘的质量,因为收集的是产卵鞘旺期产的。这样,卵鞘孵化率高,孵出的幼虫生命力强。

成虫阶段工作的内容之一是筛取卵鞘,筛取卵鞘先用 2 目筛筛出产卵的成虫,剩下的卵鞘和饲养土用 6 目筛筛出卵鞘,筛除卵鞘时动作要轻,以免损伤卵鞘,碰伤成虫。

七、地鳖的病虫害防治

(一)地鳖的病害防治

地鳖经常发生的病害有生理性的,也有真菌引起的。

1. 地鳖膨胀病

地鳖膨胀病又称大肚子病,是消化不良引起的腹部膨大的病症。

(1)病因　常发生在每年的 4～5 月、9～11 月。由于自然温度不太高,地鳖新陈代谢水平低,加上天气变化,容易出现腹部膨胀。气温高的时候,贪吃的个体吃了一肚子的食物,特别是暴食了青绿多汁饲料,气温突然降低,新陈代谢水平降低,消化率也大为降低,食物在消化道内发酵产生气体而得病。

(2)症状　消化道内充满食物或气体而引起膨胀,致使腹部胀大,爬行不便,食欲下降,或停止吃食。腹泻,粪便变为绿色或酱色,虫体表的光泽消失,如治疗不及时,3 天左右可以死亡。

(3)防治

1)预防　春、秋季温度不太高的情况下,投喂饲料要注意质和量,即饲料要新鲜,要控制投饲量,每次都不要太多,少投青绿多汁饲料。

秋季温度低、湿度高的时期,要降低养殖土的湿度;精饲料中要添加杆菌肽锌 0.04 克/千克、多黏菌素 0.02 克/千克,防消化道疾病。

2)治疗　1 千克饲料中加 1 克大蒜素粉,或每千克饲料添加杆菌肽锌 0.08 克、黏杆菌素 0.04 克。

2. 地鳖湿热病

(1)病因　又称萎缩病,多发生在 7～9 月的高温季节。因天气闷热,饲养土水分散发较快,饲养土含水量降低,地鳖体内水分散发较快造成。

(2)症状　患病时地鳖体色蜡黄无光泽,蜕皮困难,多数病虫伏在土表层,不进食,只能微微蠕动,逐渐萎缩成团最后死亡。

(3)防治

1)预防

第一,高温干燥时期饲养土应及时喷水:夏季高温干燥期,饲养土应及时喷水,使之比冬、春和初夏要偏湿一些。对中、老龄若虫池和成虫池喷水后待水分下渗湿润后,把池内的结块搓碎,照此方法再喷 2～3 次水,达到上下都均匀湿润。幼龄若虫饲养池,要把幼龄若虫筛出,饲养土调好湿度,再把幼虫放入。

第二,高温季节要把饲料拌偏湿一些,或多投一些青绿多汁饲料,做到精饲料、青绿饲料搭配。

第三,饲养池密度大时应及时分池,减少虫体密集,避免因虫体散发热量大,饲养土内升温。

2)治疗　对已患病的个体,将其取出,用 2% 的食盐水喷洒虫体,对恢复体内水分有较好效果。

3. 地鳖胃壁溃烂病

(1)病因　因喂食不当所引起,如长期喂精饲料,或精饲料中动物性饲料比例偏大,又喂青绿饲料;或投饲过量,剩食又少清理,剩食发霉变质,被地鳖吃后引发疾病。

(2)症状　这种病成虫发病率高,症状为下腹板中段有黑斑点,胃壁粘连节间膜,严重者节间膜溃破,流出有臭味的液体。地鳖胃内积食,长期不能消化,从而不再进食,最后死亡。

(3)防治　①暂时停喂动物性饲料,改变为喂精饲料,加喂青绿饲料、多汁饲料,做到精饲料、青绿饲料搭配。注意,饲料要新鲜卫生。②投饲量要根据其吃食情况而定,避免剩食,如有剩食及时处理。③对发病的虫群,每千克饲料中加入酵母 20 片,研碎拌入,搅拌均匀;同时还要加入 0.04% 的土霉素粉和 0.05% 的复合维生素 B 粉。

4. 地鳖绿霉病

（1）病因　绿霉病又称体腐病,是真菌感染而引起的,是严重危害地鳖的主要疾病之一。多发生在高温、高湿季节,因饲料发霉,地鳖吃了这种饲料感染引起。

（2）症状　感染真菌的地鳖腹部暗绿色,有深绿色斑点,6 肢收缩,触角下垂,全身瘫软,行动迟缓,晚上也不出来觅食。病情严重的个体,在饲养土上面不能入土,不觅食,身体逐渐干瘪。治疗不及时,2～3 天陆续死亡。

（3）防治　①夏季高温、高湿季节到来时,随时检查饲养土温度,把饲养土调干一些;饲料也拌干一些,要减少青绿多汁饲料用量。及时拣出吃剩下的青绿饲料,以防发霉;精饲料盘每天清洗 1 次,2～3 天用 0.1％高锰酸钾溶液浸泡消毒 1 次。②对发病拣出来的虫,用 0.5％的福尔马林溶液喷洒灭菌后另池饲养;对发病池内饲养土要清除,并用 2％福尔马林喷洒消毒。③饲料中拌入 0.05％氯霉素或金霉素,或拌入 0.04％的土霉素,或拌入 0.1％的灰黄霉素,连喂 7～10 天。

5. 地鳖卵鞘霉腐病

（1）病因　卵鞘的霉腐病也是由真菌引起的,即在卵鞘存放或孵化期间,由于储存容器或孵化容器不消毒或消毒不彻底,或孵化室高温、高湿,导致卵鞘发霉。

（2）症状　发霉的卵鞘口上长出白色菌丝,与孵化土凝结成块状,卵鞘内霉烂发臭。

（3）防治

1）做好卵鞘的消毒工作　在成虫产卵期间,卵鞘要在 5～7 天筛收,筛收的卵鞘去除杂质后清洗、晾干(晾去表面水分),然后用 3％的漂白粉 1 份,加入 9 份石灰粉,混合均匀,用纱布包起来,弹撒在卵鞘上,再用筛子筛掉药粉,可以在阴凉处存放或孵化。

2）做好孵化土的消毒和调湿工作　取清洁的细沙,经暴晒或蒸汽消毒后做孵化土;要保持孵化土适宜的温度,特别是夏季高温、高湿季节,孵化土不能过湿。

(二)地鳖的虫害防治

1. 粉螨

(1)病因 也称糠虱,夏秋季节米糠、麦麸中很容易滋生粉螨,使饲料变质。如果使用饲料时不认真检查,使用了有粉螨的饲料,就把粉螨带到了饲养土上。

粉螨很小,体长不到 1 毫米,灰白色,半透明,有光泽。一般生长在饲养土表层,晚上地鳖出土觅食时爬到其身上,乱钻乱咬使地鳖受到危害,造成食欲减退,身体渐弱,有的不能蜕皮生长,有的胸、腹被咬伤后,细菌感染而死亡。

(2)防治

1)使用麦麸、米糠前要仔细检查 发现有少量粉螨活动,就不能直接作饲料,要用开水烫或炒,将粉螨杀灭后使用;没有发现粉螨的米糠、麦麸,也要经过晒、炒或蒸处理,杀死隐蔽的活虫或虫卵。

2)诱杀粉螨的几种方法 在饲养土表层平铺一层纱布,上面放一些半干半湿的混有鸡粪、鸭粪的饲养土,再加一些炒香的豆饼粉,厚1～2 厘米,粉螨闻到香味就过来吃,1 天左右取出诱饵,堆积发酵杀死。可以用废肉、骨头、鱼等炒香,白天放在饲料盘上诱螨,每隔2～3 小时清除 1 次,可连续操作。也可用炒香的糠、麸用水拌湿,握成团松手不散,分别放在饲养土表面,每平方米池面放 20 个左右,1天清理 1 次。

3)清洗卵鞘 粉螨往往把卵产在卵鞘上,对卵鞘清洗、消毒也是消灭粉螨的重要环节。清洗方法是用大的容器装上温水,水温与气温接近,然后用 6 目筛装卵鞘置于温水中轻轻漂动,洗去卵鞘上的泥和虫卵,晾去表面水分,用 1∶5 000 的高锰酸钾溶液浸泡1～2 分,取出晾去表面水分,储存或孵化。

4)清除表层饲养土 发现饲养土表层粉螨较多,可将本池中饲养土表层 3 厘米厚刮去,换上新土,每天 1 次,连换几次就能洗除。

5)用三氯杀螨醇喷洒饲养土表面 白天地鳖不出土,可用 40％三氯杀螨醇稀释1 000～1 500 倍液喷洒饲养土表面,不可过湿,晚上开灯也只有很少出土,到第二天下午清理表层换新土,第二天晚上不开灯让地鳖出来吃食,第三天再照第一天的方法重复,连续处理2～3次可基本消除。

2. 线虫病

(1)病因 病原体为线虫,主要寄生在卵鞘内和地鳖肠道内,使卵鞘霉烂,使虫体消瘦、体质弱、腹泻等。成虫产卵量减少。该虫长度1毫米,乳白色半透明,肉眼可见。

(2)症状 线虫卵在卵鞘内寄生,使卵鞘内容物变得如豆腐渣,并发出臭味,长发霉菌;线虫寄生在地鳖肠道,1只成虫肠道内能寄生30多条线虫,对地鳖有致死的危险。

(3)防治 ①饲养土使用前必须进行灭虫处理:每1米³饲养土用80%的敌敌畏乳油100毫升,稀释100倍后均匀地喷洒在饲养土上,边喷洒边翻,使其尽量混合均匀。然后用塑料膜覆盖,四周压严,防止漏气,盖1周后揭开散气,过10～15周才能使用。②已发现饲养土有线虫要换掉饲养土;在饲养土中发现因线虫病致死的地鳖要及时拣出烧掉,对发病率高的饲养土要换掉,换土时饲养池也要消毒。③对青绿多汁饲料,先洗净再投喂,做到清洁卫生。

3. 蚁害

(1)病因 蚂蚁个体小,善爬高与钻缝,可以比较容易地钻进饲养室、饲养池,对地鳖造成危害。

地鳖散发一种特殊气味,特别是死虫,气味更浓;饲料又具有香味,蚂蚁嗅到气味就往池内钻,危害地鳖。危害的方式是:拖走幼龄若虫,或把各龄蜕皮期不能动的虫咬死、食之;或到处爬,干扰地鳖活动、觅食、交尾和产卵,甚至拖走新产的卵块。

(2)防治 ①建造饲养室、饲养池时,就应把防蚁害工作考虑进去。把饲养室内外进行硬化,堵严墙缝、池壁基部孔隙和洞口,使蚂蚁不能爬入。②饲养室四周撒一些米糠拌和的触杀剂或诱杀剂,蚂蚁接触后被杀死;用氯丹粉50克加干黏土250克,用水调成浆状,用毛刷子蘸泥浆,在饲养室刷一条带状防蚁带,可以防止蚂蚁进入。③在饲养室外四周修一水深15～20厘米、宽15～20厘米的水沟,除冬季外,水沟注满水,可防蚂蚁进入。④饲养室内发现蚂蚁,可用骨头、油条、涂上糖液的厚纸进行多次诱集，然后把带蚂蚁的骨头浸入开水中。

4. 鼠妇

鼠妇又名潮虫，它对生存条件要求与地鳖相似。鼠妇繁殖快，成虫1次产十几枚或几十枚卵。夏季1周左右卵即孵化出幼虫，发展迅速。

（1）危害　鼠妇的危害在于与地鳖争生存环境、争饲料。在鼠妇大量存在的地方，地鳖就少或没有，严重影响地鳖生存。鼠妇还会侵害刚孵出的若虫和处于半休眠的蜕皮若虫。

（2）防治

1）药物防治　取敌百虫粉1份，加水200份，待敌百虫粉溶解后加适量面粉，调成糊状，用毛刷蘸取，在饲养池外壁四周的上方涂以横条状，鼠妇食后不久中毒死亡，连用几次；或按上述方法在饲养池内壁上方四周涂以横条状，用以诱杀池内鼠妇。

2）换饲养土　如饲养土中有大量鼠妇存在，可将地鳖筛出，饲养土与土中的鼠妇一同清除。

（三）地鳖的敌害防治

蜘蛛、家鼠、壁虎、蟾蜍、鸡、鸭、猫、狗等，都是地鳖的敌害。防治措施有以下几方面：

1. 室内、室外四周地面要硬化

墙根、墙角不留缝隙，不让蜘蛛、壁虎、老鼠进入饲养室。

2. 门、窗要装纱门、纱窗

管理人员夏季通风时一定要关好门和窗，防止敌害进入。门窗框与门窗结合要严，小动物也不能从缝中进入。饲养管理人员进出饲养室时随时关门，以免敌害随时进入。室外池上加盖纱网，防止敌害进入。

3. 每天都要检查饲养土

观察饲养土是否有翻动和地鳖吃食情况。如饲养土表层有翻动，地鳖饲料消耗量大，说明敌害进入了饲养土，地鳖被敌害吃掉了。

八、地鳖的采收与初加工

（一）地鳖采收

家养地鳖采收的对象是 7～8 龄期的雄性若虫、老龄雌性若虫、留种后多余的雌性成虫、产卵后期的雌性成虫。在自然状态下，成虫占总虫数的 30％～35％，雄虫在没有长出翅以前，加工处理作中药材，药效与雌虫一样，但翅膀长全以后再加工处理药用，其效力大减。所以，雄虫在 7～8 龄翅膀还没有长出以前，就应进行挑拣，将个体大、爬速快、敏捷的选出来作种，而不作种虫的、多余的雄虫应进行加工处理，作药品出售。

雌性若虫 9～11 龄才性成熟，同一批孵出的地鳖 7～8 龄选完雄虫后，让雌虫继续生长发育，待达到 9～11 龄时，再次进行选种，选剩下的一般雌性个体，经过初加工作药材出售。

雌成虫产卵期 9～11 个月。一般前期产的卵鞘品质好，孵化率高，孵出的若虫比较健壮，成活率高；但到了产卵后期，产卵鞘时间拖长，卵鞘的品质降低，孵出的若虫品质差、成活率低。因此，雌性成虫产卵时间达 6～7 个月就要淘汰，把它们收集起来加工药用。这样有两种好处：一是，在 6～7 个月以前成虫还处在青年、中年阶段，产的卵品质好；二是，雌虫还没有进入老化期，加工成品率不降低，药效也不降低。

家养地鳖采收可根据以下几个步骤进行：

1. 结合去雄采收

这种采收方法是，除一部分雄虫留种外，其余全部作商品虫处理。即在同一批若虫中，看到有少部分发育快的雄虫羽化时，表明大批雄虫将要羽化了，此时应立即加喂精饲料，使其迅速生长，增加体重，在其未蜕最后一次皮以前抓紧时间采收。采收时选留一部分雄虫将来与其他批雌虫搭配繁殖外，其余的雄虫一律采收，雌虫转池饲养，待到 9～11 龄时全部筛出处理。

2. 对留种群的采收

对准备留种若虫群体，加强饲养，待到发育快的雄虫有羽化个体时,可用 2 目筛把老龄若虫筛出,按留种标准选出留种雄虫和留种雌虫,另行放入备用池中饲养,其余的雄虫全部拣出加工处理;对不留种的雌虫转入其他池中多喂精饲料催肥处理。

3. 根据季节采收

产卵后期的成虫应在越冬前采收;越冬后腹部干瘪瘦弱的个体,病伤的若不及时采收,也要死亡,所以开春后要结合越冬情况的检查,剔除性采收瘦、弱、病、残个体加工处理,减少经济损失。大批商品虫在越冬前的 9 月采收,这时体内已储备了大量营养物质,出品率高。采收时雄虫一定要安排在 7～8 龄,雌虫一定要安排在 9～11 龄时,因为这时的出品率高。一般讲 9～11 龄的雌虫折干率 40%,老龄雄若虫折干率 30%～33%,产卵后的雌成虫折干率 35%～37%。

(二)地鳖初加工

1. 地鳖初加工方法

(1)晒干法 即采收的活地鳖放在较大的容器内,如大铝盆、大塑料盆、缸等,然后倒入开水泡杀,要求开水完全淹没虫体,待活虫完全杀死后,把死虫捞出移入其他盆中,用清水漂洗干净,然后在草席上摊为一薄层,在阳光下暴晒 3～4 天,见图 2-42。

图 2-42 晒干法

晒干法比较简单,但由于地鳖味咸,在天气不好时易受潮变质。采用这种方法时,应注意天气变化,在晴朗的天气里采收、加工和晾晒,阴天不能采收。

（2）烘干法　如果饲养规模比较大,可以用烘干的方法。可以买一个恒温烤箱,每次采收的成虫先用开水浸泡杀死,把杀死后的虫体摊在恒温干燥箱里,把干燥箱的温度调到 40～50℃,定时翻动和检查,以免烘焦,见图 2-43。

图 2-43　烘干法

也可以用一间房的一角隔出 1 个小烘干室,面积 6 米² 左右,底部砌成地炕,在烘干室外烧火。做一个多层的小推车式的活动架。烘干地鳖时,先将烘干室的火炉生着,使烘干室的温度升起,把泡杀后的地鳖分层摊在多层小推车架子上,推进烘干室,关上烘干室门。温度一般控制在 35～40℃,这种方法烘干采收地鳖时不受天气的限制,随时可以采收加工。

2. 优质药用地鳖加工

地鳖是一种特殊商品,有质量要求,质量好的售价高,所以要采取一切办法,提高地鳖产品质量。加工的办法是,在泡杀前对地鳖进行去杂,即把弱小的、体扁的次虫去除,然后停止喂食 24 小时,以便消化道内食物排出,使之达到基本空腹,否则加工后容易霉变、生虫,也影响药效。洗净虫体表面的污泥,用开水泡杀,再晒干或烘干。

优质商品地鳖应个头大,体长 2.5 厘米以上,饱满,干燥后仍有光泽。体内无残食,完整而不碎,而且无霉烂、无虫蛀、无杂质。

第三章　蝗虫养殖关键技术

　　自古以来人们就有吃蝗虫的习惯,吃得多了,便吃出了滋味。随着市场对蝗虫的消费需求逐年增大,野生蝗虫已经满足不了市场的需求,所以人工养殖蝗虫就顺势而发生。联合国粮食及农业组织还指出,蝗虫、甲壳虫、毛虫等昆虫数量众多、营养丰富,可以作为人类食物来源之一,有助于缓解全球食品和饲料短缺现象,养殖蝗虫在我国成为一个新型的特种养殖项目。

一、概　　述

（一）蝗虫在动物分类学上的地位

人工饲养的蝗虫主要是飞蝗。凡能高飞远扬、成群迁移、危害成灾的蝗虫均称飞蝗。蝗虫全世界共有 7 个种，飞蝗是其中之一。飞蝗又有 5 个亚种，分布在我国的仅有 2 个亚种，在中国中南部沿海一带的飞蝗称东亚飞蝗，另一个亚种在新疆、内蒙古被称为亚洲飞蝗。

（二）蝗虫生态环境和分布

飞蝗在全国各地均有分布，主要分布在：滨湖及河滩水位涨落的地方，如洪泽湖、微山湖附近蝗区；盐碱荒地，如黄海及渤海海湾的蝗区；黄河泛区及内涝地区，如山东、河南蝗区。这些地区地势都比较低洼，排水不易，在近水边的地方生长着芦苇等禾本科植物，特别是杂草茂盛，给飞蝗提供食料，较高大的杂草又是飞蝗良好的栖息处，而植被稀疏的地方又满足了飞蝗暴日取暖活动和产卵的要求。所以，这些辽阔的荒地和草原，为飞蝗提供了适宜的繁殖场所。

（三）蝗虫的开发价值

蝗虫原本是危害庄稼的一种害虫，飞蝗发生时会损害大量庄稼，造成蝗灾。随着社会进步、科学发展，经过对蝗虫的研究，发现蝗虫是一种营养价值很高的昆虫，其体内物质高蛋白、低脂肪，含丰富维生素和微量元素，还含有对人体具有保健作用的超氧化物歧化酶（SOD）和黄酮类物质等。蝗虫生长周期短，食物转化率高，开发利用价值很高，开发前景相当好，具有很大的市场潜力。

蝗虫体内具有的功能性成分对人类保健具有重要意义。

1. 蛋白质中的功能性营养成分

蝗虫体内含有丰富的蛋白质,干品中蛋白质含量高达 50％,蝗虫蛋白质中含有 18 种氨基酸,其中 8 种必需氨基酸含量占氨基酸总量的 35％以上。

抗冻蛋白质是蝗虫蛋白质的重要组成部分,抗冻蛋白质在食品冷冻、储藏、运输、解冻过程中,能阻止重结晶,减少滴水,防止营养成分损失,并保证解冻食品的营养成分不会降低和其原有的风味不会改变。抗冻蛋白质在医学上可以用于动物卵子、精子、胚胎或肝脏等器官的超低温保存,保证解冻后质量不被降低。蝗虫体内含有超氧化物歧化酶,是细胞中氧化自由基的消除剂,可有效地治疗缺血再灌流综合征,可治疗血干细胞的辐射损伤,对防止和治疗白内障有良好的功效,有抗衰老的功能。

2. 脂类中的功能性营养成分

蝗虫体内功能性脂肪酸含量丰富,即人和动物体必需的脂肪酸,具有降血脂、防止动脉硬化和心血管病的功能,并有促进生长发育、降低皮肤毛细血管脆性、保护皮肤的功能;也是体内合成前列腺素等激素的主要成分,还具有降低血栓形成与血小板凝结的作用。

研究发现,不同种的蝗虫不饱和脂肪酸的含量是不同的,如东亚飞蝗的脂肪中不饱和脂肪酸含量占脂肪酸总量的 67％;中华稻蝗脂肪中不饱和脂肪酸的含量占脂肪酸总量的 54％。

中华稻蝗的脂肪是优质脂肪,营养价值很高,不仅可以直接用于高档食品加工,而且经分离提取,可以加工成不同品种的保健品或功能性食品。

3. 黄酮类功能性营养成分

蝗虫体内含有丰富的黄酮类物质,中华稻蝗体内黄酮类物质含量为 2.015％。黄酮类物质具有调节内分泌、提高机体免疫力、抗病毒、抗病菌的功效,能够增强人的体质。

4. 蝗虫体内含有丰富的维生素、微量元素

蝗虫体内富含维生素、微量元素,特别是维生素 B_1 的含量高达 27.5 毫克/千克干物质。东亚飞蝗体内含铁量很高,每千克干物质含有 79 毫克。另外,每千克干物质含锌 59 毫克、含铜 23 毫克。除此之外,还含有锰、锶等多种微量元素,是微量元素的宝库。

二、蝗虫的生物学特性

(一)外部形态

本部分的叙述是以东亚飞蝗为例加以介绍的。东亚飞蝗全身黄褐色或黑褐色,雌虫体长 42～55 毫米,雄虫 40～50 毫米。身体分头、胸、腹三部分(图 3-1)。

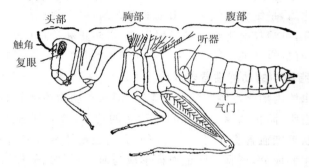

图 3-1　蝗虫外形图

1. 头部

头部卵圆形,具有感觉和取食器官,表面由若干骨片组成。头的背面称头顶,两侧有成对的触角和复眼,头的前方称额,额上有 4 条隆线,3 个单眼,一个位于额的中部,两个位于触角的上方,额的下方为唇基,为前后两片愈合而成。在复眼的后方,额的两侧为颊,在头部、胸部连处可见一大孔,称后头孔,这是头部器官通往胸部的通道。围绕后头孔的拱形骨片称后头。头部两侧还有 1 对复眼,是由许多小眼聚合而成,能辨别物象,是蝗虫主要视觉器官(图 3-2)。

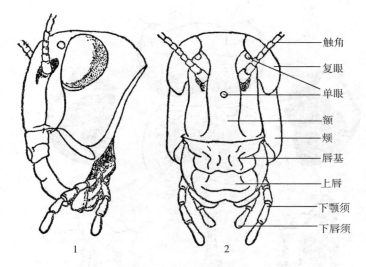

图 3-2 蝗虫头部外形图

1. 侧面观 2. 前面观

头部的附肢为触角和口器。触角 1 对(图 3-2),具 26 节,位于两复眼之间,为蝗虫的触角和嗅觉器官,这是头部的第一对附肢。

蝗虫具有原始的咀嚼式口器(图 3-3),由 1 个上唇、1 个下唇、1 对上颚、1 对下颚和 1 个舌组成。上唇 1 片,是头部的凸出部分,悬垂于唇基的下方,其内壁有膜质的内唇,上有味觉器官。上颚 1 对位于上唇后方,坚硬有关节,和头壳相连,用以切碎和咀嚼食物,是头部的第二对附肢,即第四体节的附肢。下颚 1 对位于颚的后方,由轴节、茎节、内颚叶、外颚叶和负颚须节和分节的下颚须组成,用以控制食物,是头部的第三对附肢,即第五体节的附肢。舌是两片下颚间的一个袋状形构造,有唾液腺的导管开口在后壁基部。下颚 1 对合并为一,相当于左右愈合的下颚,因此在构造的各部分也都与下颚相当,如相当于左右愈合的轴节和茎节部分称为后颏节和前颏节,相当于内、外颚叶的为中后舌和侧唇叶,相当于下颚须的为下唇须。蝗虫的后颏又分为亚颏和颏,中唇舌和侧唇舌合并不分,下唇形成口器的腹盖,可以防止食物向后退去。是头部的第四附肢,即第六体节的附肢。

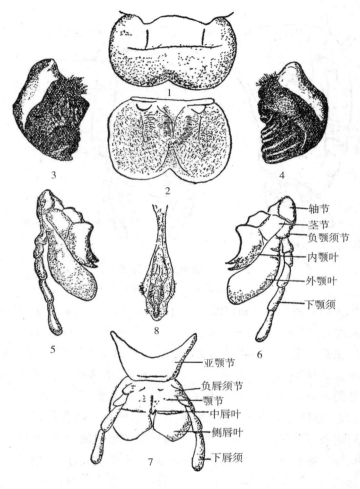

图 3-3　蝗虫的口器

1、2.上唇、内唇（2 为内面观）　3、4.上颚　5、6.下颚　7.下唇　8.舌

2. 胸部

胸部是蝗虫的运动中心，分为前胸、中胸、后胸 3 个部分，每一节的外骨骼都由 1 片背板、2 片侧板和 1 片腹板所组成。蝗虫具有一个大的前胸板和背板，上有横沟 3 条；退化的侧板位于前胸背板的前侧方；腹板位于前足基部，中央有一突起，但对飞蝗来说却不太明显。

中胸节和后胸节的背板、腹板又分若干骨片,两侧有气门 2 对,一对位于前、中胸侧板之间,另一对位于中、后胸侧板之间。

胸足 3 对,蝗虫的后胸足特别发达(图 3-4),适于跳跃。每足分基节、转节、股节、跗节及前跗节等 6 节。蝗虫后胸足的胫节后缘生有刺。跗节又分为 5 小节,前三小节愈合不分,第四、第五小节分离,下面有 4 个肉垫。前跗节呈爪状,两爪中间有肉垫,爪适于在粗糙的表面上行走,肉垫和爪垫则适于在平滑的平面上爬行。

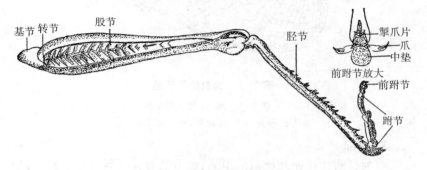

图 3-4　蝗虫后胸足

中、后胸各具翅 1 对(图 3-5),前翅革质而狭长,后翅膜质,翅上有许多纵、横脉纹,静止时后翅折叠在前翅之下。翅上的整个翅脉系统称脉序,为昆虫分类学上的重要依据之一。蝗虫前翅坚韧似革质,用以保护后翅,故称复翅。

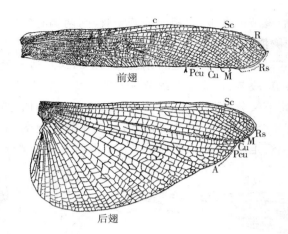

图 3-5　蝗虫的前后翅

c.前缘脉　Sc.亚前缘脉　R.径脉　Rs.后径脉　M.中脉

Cu.肘脉　Pcu.后肘脉　A.臂脉

3. 腹部

腹部是新陈代谢和繁殖的中心,腹节的骨片只有背板与腹板,侧板已退化,体节间有节间膜相连,因此腹部能充分扭转和伸缩。

蝗虫的腹部有 11 节,第一腹节两侧有 1 对膜状的听觉器官,第九、第十节的背板较狭,第十一节为围肛节,包括 1 块三角形的肛上板,1 对肛侧板及 1 对尾须,是第十一节的附肢,连接肛上板有一退化的尾节。

雄虫第九腹节的腹板是向上形成匙状的下生殖板,内有一个钩状的阴茎。雌虫有 3 对产卵器,蝗虫的中间产卵器不发达,背腹两对是第八、第九节附肢的变态(图 3-6)

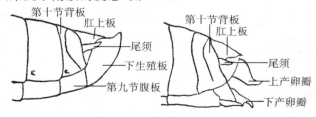

图 3-6　亚洲飞蝗端侧面观

164

(二)内部构造

1. 内骨骼

内骨骼是由外骨骼陷入体内而形成,头部和胸部都有内骨骼的存在,功用是:用以附着肌肉和保持头、胸部的坚硬度;支持咽喉和食管,并保护脑和腹神经索;加强口器的部分,组成部件与头部连接。

2. 血腔与肌肉

昆虫纲动物的一切内部器官均位于血腔内,腔内充满着无色的血液,整个血腔被背、腹两层隔膜分成 3 个血窦,即背血窦、围脏血窦和腹血窦。隔膜有小孔,血窦内的液体可以彼此交流。体壁肌肉很发达,都是横纹肌,在腹部按节排列,但在腹部分布不均匀,凡连接运动器官,如足、翅、上颚以及产卵器的肌肉都很发达。伸缩力和拽动力也特别强(图 3-7)。

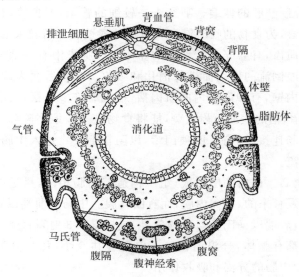

图 3-7 蝗虫体横断面图

3. 消化系统

消化道是一直管,纵贯体躯,分前肠、中肠和后肠三部分(图 3-8)。

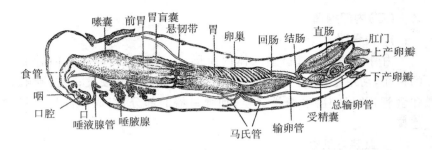

图 3-8　东亚飞蝗的纵剖面图,示消化系统和雌性生殖系统

（1）前肠　由外胚层内陷而成,所以在组织学上和体壁相似,即包括基膜、肠壁细胞层和细肠所分生的内膜,基层外为纵肌和环肌。食物经上颚咀嚼后进入口腔,口腔在口器的中间,在舌的基部有 1 对葡萄状唾液腺,开口于口腔,能分泌消化酶将食物初步消化,同时还有润湿食物的作用。口腔的后面便是咽,背面有肌肉,与头部的骨板相连,以控制咽腔的伸缩。咽通入一较细的管子,即食管,食管后方扩大成嗉囊,为食物的临时储存场所。嗉囊壁有三行较大的嵴,上面有若干角质齿,有磨碎大粒食物的作用。在嗉囊中有一部分食物经中肠消化液倒流的作用而进行消化和吸收。嗉囊后面为砂囊,砂囊即前胃的内壁,有伸向腔内的肌肉褶,前端有许多纵褶,后端为 6 个"V"形大褶,褶的表面有齿或刺,能将食物进一步地磨碎和过滤。在前肠与中肠连接处,有 1 圈喷门瓣,以阻粗糙食物进入中肠,并防止食物的倒流。

（2）中肠　由内胚层形成,组织构造与前肠相同,只是细胞层是由内胚层发育来的,且无内膜,而有圈食膜。中肠的前端以胃盲囊与前胃分界,后端以马氏管与后肠分界,包括胃和 3 对胃盲囊。胃的上皮组织中都有腺体,分泌消化液。胃盲囊共 6 个,每个分为前后两叶,有增加中肠的分泌和吸收作用。

（3）后肠　也来源于外胚层,所以组织结构与前肠同,只是肌肉层的排列不规则,且常与中肠相似,环肌在内,纵肌在外。后肠分为三部分:回肠或大肠,结肠或小肠,直肠。在回肠与中肠交界处,肠壁向腔内突出形成幽门瓣,并且有马氏管的开口。结肠是后肠比较细小而转折的部分。直肠容积增大,内有 6 个由特别大的肠壁细胞组成的直肠垫。后肠的功能从排泄物中收回水分,以保持虫体水分平衡。肛门开口于身体的末端。

4. 循环系统

蝗虫为开放式的循环系统,位于腹部消化道背面 1 条背血管,是唯一的循环器官。背血管分为两部分,后面一部分为心脏,前面一部分为大动脉。东亚飞蝗的心脏分为 8 个心室,心室的数目随种的不同而不同,通常为 8～12 个,每室两侧各有成对的心孔,孔间有瓣膜,具有关闭作用,两旁有翼肌数对,与背板相连,以帮助心脏搏动,由于心脏有节奏地搏动,血液由大动脉流入头腔,然后向侧后方回流,经胸部通过胸足和翅膀由腹血窦或围脏窦通过背隔流至背上窦,最后从心孔流入心脏(图 3-9)。蝗虫类的血液由血浆和血球组成,血液通常是无色透明的液体,内无色素。血液的功能很多,主要输送营养物、代谢产生的废物及内分泌激素。自食取得的水分大多储存在血液中以保持体内一定水分,同时也可以抵抗干燥环境。血球能吞噬外来的细菌,具有抗病作用。此外,由于血液流动,体内产生一种压力,这种压力对展翅有很大的作用。

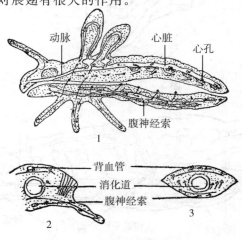

图 3-9　昆虫血液循环途径图

1.纵切面　2.胸部横切面　3.腹部横切面

5. 呼吸系统(图 3 - 10、图 3 - 11)

蝗虫身体两侧共有 10 对气门,2 对在胸部,8 对在腹部,由此通入体内两侧两条大气管,称侧纵干。由侧纵干再分出背纵干、腹纵干和内脏纵干各 1 对,彼此间有横气管相连。气管愈分愈细,由支气管到微气管,微气管末端闭塞,直接分布到各组织或细胞中进行气体交换。蝗虫的部分纵管膨大成气囊,横管膨大成气管囊,飞蝗共有 7 对气囊和 3 对气管囊。气囊壁较薄易被压缩,由于它们的舒张作用,可以增加气体在气管内的流通量,又可以减轻体重增加浮力。气门具有关门器,蝗虫前 4 对气门开时为吸,闭时为呼;腹部 6 对气门作用相反。观察时常见到蝗虫腹部经常在伸缩,此时是蝗虫进行呼吸(图 3 -12)。

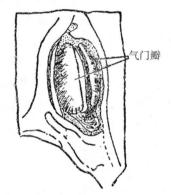

图 3 - 10　蝗虫的气门

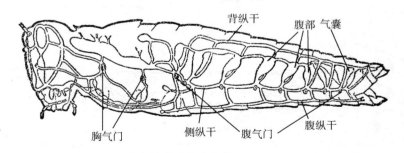

图 3 - 11　蝗虫气近系统模式图

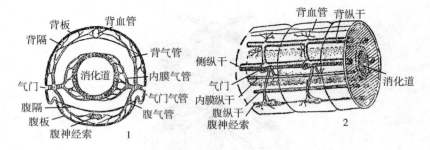

图 3-12　蝗虫气管的分枝

1.体躯横切面,示体节内气管的分枝　2.侧面透视,示纵气管干

6. 排泄系统

在中肠和后肠交叉处,有百余条成束的马氏管通往肠腔,它的数目随种的不同而有所差异,这是蝗虫的主要排泄器官。马氏管细长呈丝状,末端封闭,管壁由一层细胞组成。血液中的代谢废物通过管壁而入肠腔,再由后肠排出体外。

此外,体内的脂肪除储存营养外,还能积聚尿酸,具有排泄作用。

7. 神经系统(图 3-13)

蝗虫的神经系统比较发达,有高度集中的现象,可以分三部分。

(1)中枢神经系统　在咽部的背面有一咽上神经节(脑),是由 3 对神经节组成,两侧有 1 对围咽神经与咽下神经节连接,此神经节亦由 3 对神经节合并而成,后面为一双股的腹神经索;胸部有 3 个神经节,后胸节的较大,是与腹部前 3 节的神经节合并而成;腹部只有 5 个神经节,其中第二、第三神经节已合并,第七节与末数节合并。

(2)外周神经系统　由脑分出 3 对神经至眼、触角和上唇;由咽下神经节分出 3 对神经至上、下颚和下唇;胸神经节主要分出 2 对神经,1 对翅膀,1 对至足;腹神经节分出神经至腹腔、后肠、生殖器和尾须。

(3)内脏神经系统　在脑的前后均有内脏神经节,由此分出神经至消化道和心脏等内脏系统。

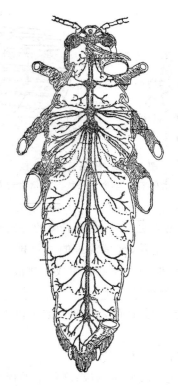

图 3-13　蝗虫的中枢神经系统示意图

8. 感觉器官

（1）视觉器官　蝗虫有 3 个单眼 1 对复眼。单眼由膜透镜和下面的许多视网膜细胞组成,周围有色素,仅能感光,不能视物（图 3-14）。复眼由无数小眼组成,小眼是细长的管状结构,每个小眼可分为集光部分和感光部分。前者包括六角形的角膜和晶体,后者包括视网膜细胞和视杆,周围还有色素细胞。蝗虫的复眼又可分为日眼和夜眼两类。日眼的结构和其他节肢动物的复眼相似,当光线射入小眼时,与小眼平行的光线透过集光部分而进入视杆,为视神经所接受,斜行的光线都被色素细胞所吸收,吸收后的残留光线又反射出去,不能到达感光部分。这样每个小眼只能接受物体上一个点的光线,许多小眼产生许多像点,拼成一个物体影像,这个像就称并列像或镶嵌像。

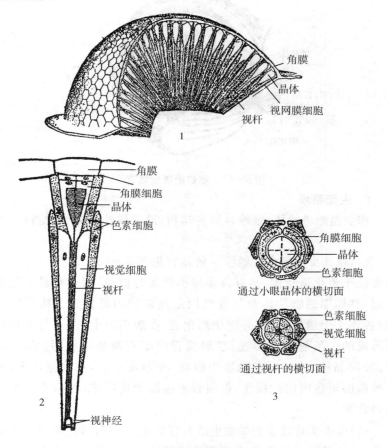

图 3 - 14 蝗虫眼的基础结构

1.蝗虫复眼的结构 2.一个小眼的构造 3.通过晶体、视杆的横切面

（2）听觉器官 蝗虫的听觉器官见图 3 - 15（以稻蝗为例），蝗虫
腹部第一体节两侧各有一鼓膜，内侧有一群听觉小器，称茂勒氏器。
紧贴在鼓膜内侧的还有气管膨大的气囊，其作用相当于共鸣器。音
波在鼓膜上引起振动，然后传递到听觉小器，听觉小器末端的感觉纤
维集合成听神经，通入后胸神经节内而感受听觉。此外，触角有嗅觉
和触觉两重功能。舌、内唇及下颚须有味觉功能。

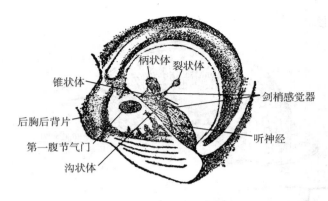

柄状体　裂状体

锥状体

剑梢感觉器

后胸后背片

第一腹节气门

听神经

沟状体

图 3-15　稻蝗的听觉器官

9. 生殖系统

蝗虫是雌雄异体,雌雄异形的动物,通常雌性个体大,雄性个体小。

(1)**雄性生殖器官**　雄性生殖器官见图 3-16。雄成虫有 2 个精巢位于消化道背侧,是有许多精小管集合而成,两个精巢紧贴在一起,靠周围的脂肪体和气管来固定在血腔内的位置。精巢的外侧,各连 1 个输精管,两旁围绕消化道,在腹面第七腹节,与由外胚层形成的一条射精管相连,在射精管前端有两丛附腺,每丛有 12 条,分泌黏液,使精子在黏液中游动,并形成精荚,在附腺丛中,有一被脂肪膜包围的贮精囊,射精管末端膨大成阴茎,开口于下生殖板口背面。

(2)**雌性生殖器官**　雌性生殖器官如图 3-16,雌性蝗虫有 1 对卵巢,其位置与精巢相似,1 对侧输卵管转向肠的腹面正中第七腹节处会合成中输卵管,末端称阴道。阴道的背面有 1 条受精囊管,管的末端是 1 个蚕豆形的受精囊,有储存精液的作用。在卵巢的顶端,也就是输卵管的前端,还有 1 对内部起纵褶的附腺,卵袋就为该腺所分泌。

饲用动物养殖关键技术

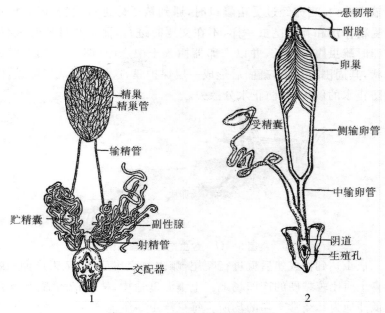

图 3-16　东亚飞蝗的生殖系统
1.雄性生殖系统　2.雌性生殖系统

(三)食性

　　飞蝗的食性很杂,主要危害禾本科植物,如芦苇、玉米、高粱、稻、粟等。对油菜、大豆在有禾本科植物的情况下是不取食的。但无禾本科植物食用饥饿时被迫取食,并勉强生长完成生活史。至于棉花、蔬菜、麻类等经济作物一般不取食。蝗虫取食量与温度有关,温度过高与过低时也能取食,大风天、下雨天不取食,除此之外,几乎全天都取食。各龄虫蜕皮前后不取食,成虫羽化后往往有一段时间停止取食。

三、蝗虫的生殖与发育

(一)生殖过程

　　蝗虫经过夏秋两季,性器官发育成熟,开始交尾,交尾时雄虫在雌虫的背上伸长尾部行交尾行为。大量成熟的卵在产下前先停留在侧输卵管内,当卵经过受精囊口时,遇到精子即进行受精,因此蝗虫的受精作用和其他昆虫一样,不在交尾时进行,而是在排卵时进行。产卵时雌虫腹部伸长,并以产卵器插入土中产卵(图3-17)。卵成块状,其周围有黏液,凝固后形成一层保护膜,这样便形成了卵袋,既能防止水的侵入,也防止水分散失。

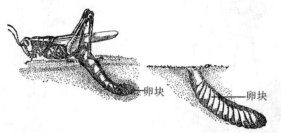

图3-17　蝗虫产卵状态

成虫达到性成熟后就进行交尾,雌虫在交尾后4～7天产卵。蝗虫喜土质比较黏硬的产卵场地。土壤湿度适中、植被稀疏、背风向阳的低洼地为其经常产卵的场所。每只雌虫一生能产4～5块卵,每个卵块含60～80枚卵。1对夏蝗可繁殖240～400个秋蝗。

飞　蝗

蝗虫的成虫往往成群结队,远迁高飞。其迁移没有目的,迁移的原因可能与性器官成熟和当时天气条件有关,而不是为了寻找食物或产卵场所。东亚飞蝗分布地域,北至长城,南到长江流域,西至太行山、伏牛山、黄山,东止于海。这说明其分布与地势、温度、降水量有密切关系。飞蝗分布在海拔50米以下,1 300米以上的地方已少见。在海河、黄河、淮河、长江四大水系流域,平原地区的湖滩、低湿地、盐碱荒地都是蝗虫最适宜的生长地区。在北方地区的分布常受低温和湿度的限制,冬季平均气温在-4℃以下或常年平均最低气温在-10℃以下时,就没有飞蝗发生。向南到北纬30°以北,这里由于再往南雨量就过多的关系,全年平均降水量在1 000毫米以上,尤其春秋多雨地区,就不利飞蝗生存。

(二)发育过程

蝗虫卵为中黄卵,进行表面分裂,卵裂细胞都围绕在卵的表面,形成一层胚盘,这时就相当于囊胚期。以后在胚盘腹面的细胞渐渐多起来,使其增厚,形成胚带,将来一切组织都在此胚带上发生。在胚带以外没有增厚部分称胚外区。胚带的细胞逐渐增长和增多,中央发生内陷,便形成了两层细胞,外层为外胚层,内层为中胚层和内胚层的混合体,或称中内胚层,这时称原肠胚期。

由于胚带向下沉入胚内,在中间出现两个褶皱,逐渐增长,最后完全愈合而成两种胚膜,内层称羊膜,外层称浆膜,羊膜内有羊膜腔,腔内充满液体,具有保护胚胎的作用。当胚胎加速扩大并向背面延伸会合时,胚膜破裂或被吸收,同时胚带又发生一系列凹陷而形成胚节。在各胚节的腹面出现了附肢的芽体,同时内部器官也发育了,胚胎就此完成(图3-18)。

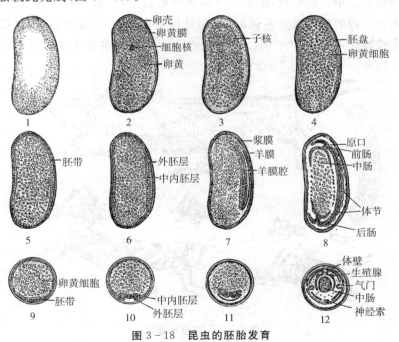

图3-18 昆虫的胚胎发育

1~8.卵的剖面示胚胎发育各时期 9~12.5~8的横断面图

(三)蝗虫的自然发生规律

飞蝗经过一个世代,在生物学上称为它的生活史。飞蝗是不完全变态昆虫,经过一个世代其形态变化只有卵、若虫(跳蝻)、成虫3个阶段(图3－19),卵在土中越冬。东亚飞蝗每年发生代数在我国因地区不同也有差异,北京以北每年发生一代,淮河及长江流域每年可发生两代。在大部分蝗虫猖獗危害的地区,都以发生两代为主,在江苏、安徽、山东南部地区越冬卵在4月下旬至5月上旬孵化为第一代蝗蝻,叫作夏蝗。孵化后经过35～40天,共蜕皮5次、经过5龄,于6月中、下旬至7月上旬羽化为成虫。飞蝗羽化后约半月即开始产卵于较坚实的土中,再经2～3周即孵化为第二代蝗蝻,叫秋蝗,8月上旬至9月上、中旬变为成虫,再经半个月又开始交尾。产卵盛期在9月中旬以后,10月中旬后成虫大部分死亡。南方天气暖和,有时会发生第三代蝗蝻,但由于气温很快就转低,一般不能发育成虫。东亚飞蝗的卵无真正的休眠期,因此给其创造25℃以上温度,可以连续孵化,常年生产。在20世纪90年代就有人冬季在加温室内人工饲养。

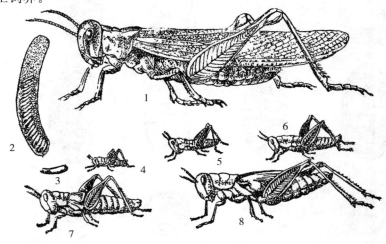

图3－19　蝗虫的变态

1.成虫　2.卵块　3.卵　4～8.1～5龄的蝗蝻

四、蝗虫的人工养殖技术

蝗虫卵在 25℃ 以上时开始孵化,孵化期长短与温度高低有直接关系。气温高孵化时间短,气温低孵化时间长。所以在人工饲养条件下,若饲养室温度低于 25℃ 就开始加温,一年四季均可以生产。

(一)饲养环境的选择

人工养殖蝗虫可一年四季连续生产。夏季和秋季在室外大棚生产;当室外气温低于 25℃ 时,蝗虫的孵化、蝗蝻生长发育、成虫性腺发育受到影响时,就转到室内加温饲养。大棚建造环境要认真选择。

蝗虫养殖大棚建造条件:坐北向南便于日光照射和通风,地势高、排水性能好,夏、秋季光照时数不能低于 12 小时;土质应为黏土或偏沙性黏土;远离交通要道 300～500 米,又必须从主干道到蝗虫养殖场地能通汽车,以便一些材料的运输;能接电,有水源;远离散发特殊气味的化工厂、有机械震动的机械厂,见图 3-20。

图 3-20　蝗虫饲养场

(二)养殖设施的建造

养殖设施的建造分两部分,即蝗虫养殖大棚的建造和饲养室的建造。

1. 养殖大棚的建造

养殖大棚建造应按蔬菜大棚的形式建造,坐北向南便于采光,见图 3-21。大棚宽度 6～7 米,长度根据地形或饲养量灵活掌握,地面应高出当地地平面 15～20 厘米。先建好墙基,墙基用水泥砂浆和砖砌成,高度 30 厘米。在做墙基时就把北侧面的柱子夹在墙基里竖立起来,高度 2 米左右,南侧面高 60～80 厘米,用尼龙网做成一个如饲养室的大棚罩罩在架子上,底边埋在地下,东侧面或西侧面留一棚门,门要便于开关,方便管理人员进出。饲养棚大小视饲养量大小而定,一般成虫 600～800 只/米^2。建成饲养大棚以后,棚内应种一些禾本科植物,如玉米、高粱等,作为跳蝻的饲料。养殖棚内按成虫产卵习性还要铺设产卵场,产卵场用黏土或沙性黏土即可。在自然条件下,此成虫对产卵场地有选择性,一般选择土质较硬、有一定湿度且阳光直射的环境,植物对地面的覆盖率约 50%,含盐量 0.2%～0.5%,pH7.5～8.0(弱碱性),产床相对湿度应在 10%～20%。人工做产卵床时,应按要求做产卵床土。床土厚度应在 15～20 厘米。产卵床土配制以后铺在大棚内,整平、拍实,有利于雌虫产卵。如果铺的产卵床面积大,所留雌虫又不是很多,为以后收集卵块方便,可把棚内的一部分产卵床用塑料膜覆盖,使其只能在没盖膜的地方产卵。

图 3-21　养殖大棚

2. 冬季生产饲养室的建造

蝗虫饲养室用普通民房改造即可,不需新建。改造关键是在地面挖一圆盘式地炕,地炕散热面大,室内温度均匀,且炉子在墙外烧火室干净、卫生、没有煤烟。地炕的建造方法是,在室外低于地平面的墙边挖一坑,坑内修一火炉,炉子烟道由地下通往圆盘炕中心,烟由中心上升进入散热器内,由散热器顶返回进入圆盘炕烟道。由炕中心向外盘旋而出,从最外圈叉开通入墙角的烟囱。火道间隔由红砖做成,上铺红砖并用石灰或水泥砂浆勾缝,保证不露烟。圆盘炕中心是散器底座,座上扣一铁皮打制的密闭的散热装置。散热器上空再罩一纱网罩,不让蝗虫飞到散热器上烫死。

纱网罩为金属制成,纱网罩底以外铺上土做成雌虫的产卵床。室内横竖扎一些铁丝或尼龙绳,便于挂饲料。养殖温度应保持在25~30℃

(三)卵块收集、保存和孵化

每年的 9 月下旬,生产者可把产卵期内的最后一批卵块收集起来,埋在背风向阳的地下越冬,深度应在 15~20 厘米。每年的 1 月气温最低时,应在埋卵块地面上盖一层厚度为 30 厘米的杂草,起到保温作用,防止将卵冻死。

每年的 4 月初,当天气转暖时,可在蝗虫养殖棚内扣一小型的塑料温棚,把卵块移到塑料温棚内,埋在土壤内让其孵化,温棚内的温度保持在 25~30℃,土壤含水量在 10%~20%,棚内相对湿度50%~60%。孵化期长短与棚内温度有直接关系,棚内温度高,孵化期短;棚内温度低,孵化时间长。在自然温度下,8 月孵化期为 15~21 天。

(四)蝗虫的饲养管理

1. 蝗虫的饲料

蝗虫喜食禾本植物嫩叶,见图 3－22,解决饲养蝗虫的饲料问题,可夏季种玉米、高粱,秋季种黑麦草。如果冬季加温,四季都饲养蝗虫,夏季可以割一些禾本科草储存,冬季可将储存的禾本科干草粉碎,配制人工饲料。

图 3-22　禾本科饲料

　　人工饲料配制:冬季青草有限,除了种植一些黑麦草收获鲜草作补充以外,主料应为人工配制和加工的饲料。人工饲料配方为:玉米粉 20%、麦麸 20%、豆粕粉 5%、禾本科植物干草粉 55%。另外,每千克饲料杆菌肽锌 0.05 克(以纯粉计算)、复合酶 80 克、黏合剂(小麦粉)适量,压成超薄饼晾干或烘干即为成品。

2. 跳蝻的饲养管理

　　跳蝻刚孵化出来时非常孱弱,生命力很弱,管理应非常精细。如蝗虫喜食禾本科植物的嫩叶,如果养殖棚内上一年冬季已种上了麦子或黑麦草,第二年春季孵化时,塑料温棚就应建在小麦地上,跳蝻孵出后就以小麦苗为食。如果养殖棚内上一年没种麦,或是孵化比较早,外界温度低,刚孵出的跳蝻需要室内饲养,就得使用人工饲料。

　　跳蝻生长发育适宜的温度为 25~30℃,相对湿度 45%~55%,光照每天 12 小时。在这样的环境条件下,跳蝻活跃,食欲旺盛,生长发育很快。

3. 3 龄虫至成虫的饲养管理

　　3 龄虫开始食量增大,应备好充足的食物,否则会出现相互蚕食现象。蝗虫的吃食时间是 9:00~17:00,这一时段气温高,所以蝗虫食欲旺盛,每天在这段时间内要投草 2~3 次。投草的方法是:将草均匀地分布在棚内,可以撒在地面上,也可以在棚内空间扯一些绳或铁丝,把草挂在绳或铁丝上。饲养密度控制在 600~800 只/米² 棚内地面。饲养密度过大,强食弱,大食小,刚蜕过皮不能动的往往被吃掉。

夏季气温 35℃以上时,就要在养殖棚上用遮阳布遮盖,防止强阳光射入,提高棚内温度,同时棚内洒些水,提高湿度。高温且环境干燥时,蝗虫容易死亡。蝗虫 5 龄后即发育为成虫,再经过5～7 天可以达到性成熟,开始交尾产卵。此时也是蝗虫最肥壮的时期,除了留够产卵用的雌虫以外,其余的全部收集起来,经过初加工上市出售。

4. 产卵前后的饲养管理

蝗虫产卵前要做好产卵床,已在前面讲述。蝗虫有高飞迁徙的习性,这是其生理发育的需要,所以在蝗虫产卵以前应人为干扰,让其在饲养大棚里不断地飞翔,这样可以提高雌虫的产卵数量和产卵质量。产卵前饲养管理的基本方法与 3 龄以上蝗虫的方法基本相同,所不同的是,产卵期蝗虫每天光照时间必须达到 16 小时。所以,大棚内要装日光灯或节能灯,到雌虫产卵前就开始补充光照,从18:30～22:30,每天都在晚上补光。产卵前雌虫食量增加,每天投饲量要增大,可以多投一些人工加工的饲料,其中精饲料占一定比例,营养丰富,可使雌虫多产卵且产质好的卵。

适合人工养殖的蝗虫主要有两种,即飞蝗和稻蝗。这两种蝗虫的特点是,不仅个体大、产卵多、生长快,而且成活率高。在北方自然条件下一年可繁殖两代:即夏蝗和秋蝗。南方可以繁殖3～4 代。在人工饲养条件下,若饲养室温度低于 25℃就及时加温,保证温度在25～30℃,一年四季均可以生产。

5. 蝗虫的产卵过程

成虫达到性成熟后即进行交尾,雌虫在交尾 4～7 天即可产卵。产卵前它要选择土质黏硬、湿度适中、植被稀疏、背风向阳的地方作为产卵场所。产卵前雌虫的产卵器变得粗短而弯曲,并有两对坚硬的凿状产卵瓣,以此穿土成穴,将卵产于穴内。在产卵的同时分泌胶状液,凝固后在卵外形成防水的保护层,将卵围成一块,对卵的越冬起保护作用。蝗虫一生交尾数次,15～20 天产下第一块卵,每只雌虫一生产 4～5 个卵块,每个卵块内含卵 60～80 枚。卵在25～30℃的温度条件下 12～15 天孵化出跳蝻。每个蝗虫饲养场或饲养户,要根据这数据选留种虫。

蝗虫的市场开发

蝗虫是饲用动物的一种。养蝎、养蜈蚣需要活虫,活虫中有喜静的饲用动物,如黄粉虫幼虫、家蝇幼虫,蝎视觉弱,不容易发现这些活虫,只用这些饲用动物蝎子觅食会影响。所以,还需要喜动的饲用动物,如蝗虫跳蝻、家蝇成虫,在养蝎室有飞的、有跳的虫刺激蝎或蜈蚣食欲,诱惑其寻找饲用动物,不仅会捕捉到跳蝻、家蝇,而且还能碰到黄粉虫幼虫和家蝇幼虫,做到饲料多样化。

饲养蝗虫的生产者还可开拓食品的市场,即每养出一批成虫后,将其加工成风味食品,经过真空软包装和灭菌处理,保存期可达 1 年左右,可以向城市酒店销售,慢慢销路就出来了。过去市场上没有作为商品销售,人们想吃也没有。现在若主动联系市场,一定能打开局面,成为城市热销产品。

第四章　黄粉虫养殖关键技术

黄粉虫鲜虫脂肪含量 28.20%，蛋白质含量高达 61% 以上，此外还含有磷、钾、铁、钠、铝等常量元素和多种微量元素，及动物生长所必需的 18 种氨基酸，每 100 克干品含微量元素高达 947.91 微克，其各种营养成分居各类食品之首。黄粉虫是饲养家禽家畜及鳖、龟、黄鳝、罗非鱼、鳗鱼、牛蛙、大鲵、蝎子、蜈蚣、蛇等特种养殖不可多得的好饲料。

一、概　　述

黄粉虫又名面包虫,主要特点是咀嚼式口器,翅2对,前翅革质、无翅脉,主要起保护的作用;后翅比较大而薄,膜质,用于飞翔,静止时折叠于鞘翅下。成虫外部形态见图4-1。

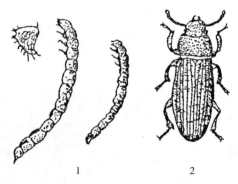

1　　　　　　　　　2

图4-1　黄粉虫

1.黄粉虫幼虫　2.黄粉虫成虫

黄粉虫生命力很强,耐粗饲,繁殖力强,生长发育快,体内含有丰富的蛋白质、脂肪和糖。自从开展人工养蝎生产以来,黄粉虫人工饲养已经成为一个专业化养殖项目。由于黄粉虫幼虫身体营养丰富,可以作蝎子、蜈蚣的活饲用动物。养蝎的场(户),一般都会附设有黄粉虫饲养室。也有一些只饲养黄粉虫的,养出的幼虫作商品出售,卖给养鸟的人。

黄粉虫以小麦麸为饲料的主要成分,饲养管理技术性不高,饲养成本低,3千克麦麸换1千克活虫。另外,黄粉虫人工饲养时一般架养,在室内搭上3层的架子,加之地面可做一层,一共可做4层,充分利用了空间。农户老人、妇女、学生都可以操作,有两三间房就可以生产。

二、黄粉虫的形态特征

黄粉虫是完全变态的昆虫,完成一个生命周期(生活史)需要成虫、卵、幼虫、蛹4个阶段(图4-2)。

刚羽化的成虫头部金黄色,体壁幼嫩,行动尚不活跃,也不吃食。以后体节体色逐渐加深。5天后变为黑褐色,并开始吃食、交尾产卵。从卵产出到成虫性成熟为止,总共经历70天。成虫雌、雄以1∶1的比例搭配,一生交尾多次,在自然温度条件下,1年就繁殖1代,以老熟的幼虫越冬。第二年的清明前后起蜇,到5月底、6月初化蛹,6月中旬羽化为成虫。雌成虫产卵后产卵期长达3个月,每天产卵5～15粒。6月初到7月中、下旬出现幼虫,8～9月是幼虫生长期,9月末变为老熟幼虫,10月中旬又开始蜇眠。在室内人工饲养的条件下,如果室内温度保持在26～30℃,1年可繁殖4代。

黄粉虫各阶段特征分述如下:

(一)成虫的特征

成虫体长12～14毫米。长圆形,背面为黑褐色,腹面为赤红色。腹部背面有两片角质化的鞘翅覆盖,后翅为膜状,折叠于鞘翅以下。头、胸部和腹部高度角质化、坚硬,但腹部的背面白嫩柔软,藏在鞘翅下。触角念珠状,末端稍粗,呈棍棒状,共11节,末节长度大于宽度,第三节长度短于第一、第二节之和。鞘翅上有由许多刻点组成的整齐的纵沟。前足基节窝后方为封闭式的,前足和中足的附节由5节组成,后足的附节由4节组成。

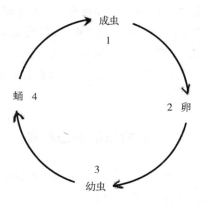

图 4-2　黄粉虫生活史

（二）卵的特征

自然状态下,成虫产卵于饵料表层约 1 厘米深处,卵为白色,椭圆形,长约 2 毫米。卵表面有黏液,常粘有饵料的杂质或碎屑上,不仔细看难以发现。如果周围环境适宜,温度 26～28℃,饵料含水量在 13%～15%,7 天后便孵化出幼虫。

（三）幼虫的特征

刚孵出的幼虫为乳白色的,长约 3 毫米。2 天后开始进食,5 天后第一次蜕皮,变为 2 龄幼虫,体长增加到 5 毫米。以后约 35 天内又经过 6 次蜕皮。最后变为 8 龄老熟幼虫,体长增加至 26 毫米。刚蜕皮的幼虫呈乳白色,以后逐渐变黄。8 龄老熟幼虫再经过 10 天,蜕去最后一次皮,变为裸体蛹。

幼虫呈长圆筒形,老熟幼虫体长 26～30 毫米,粗 2.5 毫米左右。体壁光滑、有弹性,黄褐色,节间色深为赤褐色。腹部末端有向上翘的臀叉。

（四）蛹的特征

刚变成的蛹为乳白色,以后逐渐变为淡黄色,长 15～17 毫米。蛹常浮在饵料表面,如果将其埋在饵料下面,以后又会重新浮上来,7 天后羽化为成虫。

三、黄粉虫的生活习性

(一)趋暗性

黄粉虫幼虫、成虫都喜欢黑暗,成虫常潜伏在阴暗角落或树叶、杂草以及其他杂物下面;幼虫则多潜伏在饵料表层,即表面以下的1～3厘米处。

(二)食性

黄粉虫是杂食性昆虫,吃各种粮食、油料作物籽实、油料作物加工副产品以及各种蔬菜,但偏爱小麦和麦麸。幼虫的食性更为广泛,除了上述所说的食物外,还能吃干桑叶、鲜桑叶、豆科植物的叶以及各种昆虫的尸体等。当食物缺乏时,甚至能咬食木质饲养箱和纸片等物。

在人工饲养条件下,如果供给配合饲料,饲料配方应为:麦麸80%、玉米面10%、花生饼粉或黄豆饼粉10%。各种杂物搭配适当,对黄粉虫生长发育有利,而且节省饲料。如果仅给一些粗饲料,或饲料单一,虽然可以养活,但生长发育迟缓,虫体逐渐退化,个体变小,繁殖力降低。

(三)饲养密度及适宜温度、湿度

1. 饲养密度

黄粉虫饲养密度应合理,幼虫的饲养密度过低,则生长缓慢;密度适当大一些,则生长加快;饲养密度较大时可提高群体的温度,促进新陈代谢。当幼虫群体内温度超过30℃,幼虫就会陆续死亡。成虫和幼虫都有食卵和食蛹习性,如果成虫、幼虫、卵和蛹都在一起不及时分离,当繁殖到一定密度后,会产生成虫、幼虫食卵、食蛹的现象,应及时筛出卵、蛹及幼虫,分别装箱饲养。

2. 黄粉虫对温度的要求

越冬的老熟幼虫可耐受-4℃的低温,低龄幼虫在0℃左右即大批死亡。-4℃是黄粉虫生存的最低临界温度,8℃是生长发育的起点温度,26～30℃是繁殖、生长发育适宜温度范围,30℃是生长发育最快的温度。若生存环境温度升高到35℃,长期处于这一温度下会发生死亡,38℃时会大批死亡。以上温度是指黄粉虫群体内部温度。

4龄以上幼虫当气温在26℃以上、饲料相对湿度达到15％左右时，群体内温度会高出环境温度10℃以上，应采取降温措施，防止群体内温度达到38℃。

3. 湿度

黄粉虫耐干燥，能在含水量低于10％的饲料中生存。但在很干燥的环境中，生长发育缓慢，虫体减轻，浪费饲料。理想的饲料含水量是15％，空间相对湿度为70％。当饲料含水量达到18％，空间相对湿度上升到85％时，则生长发育也趋于缓慢，并容易生病，尤其成虫更为明显。

四、人工饲养管理方法

(一)饲料和饲养方法

羽化后的成虫，体色变成黑褐色以前，就要转移到成虫产卵箱饲养。成虫产卵箱可以就地取材，用其他旧木箱代替。如果新制作产卵箱，其规格应为：长60厘米、宽40厘米、高13厘米，木箱底部钉铁丝网，见图4-3。网孔2～3毫米，过大容易逃出成虫，过小则筛不出杂物。箱内侧四边镶以白铁皮或玻璃，防止成虫逃跑。也可以将玻璃裁成7～8厘米宽的长条，镶于成虫饲养箱内壁，箱口以下形成一周玻璃条带。

图4-3 黄粉虫饲养箱

另外,还应准备1个大一些的木箱,在成虫箱放入该木箱以前,先在箱底垫一块木板,木板上铺一层报纸,将来雌虫可以把卵产在报纸上。报纸上再撒一层1厘米厚的配合饲料。然后把成虫箱放入配合饲料上,用力压一压,使铁丝网隐于配合饲料内。移入成虫以后,可在配合饲料上再覆盖一层叶面上无水的桑叶或南瓜叶等,成虫就会分散开,隐蔽在叶片之下,温度要保持稳定。这些叶片也就成了成虫的补充饲料。以后再依据温度和湿度,盖上白菜叶和其他蔬菜叶。温度高湿度低时,要多盖一些。蔬菜叶主要是提供水分和增加富含维生素的食料。吃完后及时进行补充,不可过量,以免湿度太大腐烂变质。

成虫期长达3个月,在此间成虫不断进食和产卵,所以应时常关注饲料的消耗情况,当配合饲料少的时候,将补充的饲料撒在菜叶上面也可以。

成虫产卵时,大都伸出产卵器,穿过铁丝网孔,把卵产在报纸上或产在报纸与网之间的饲料中。人工饲养黄粉虫就是利用它的向下产卵的习性,用铁丝网将卵与成虫分开,杜绝成虫吃卵的现象发生。因此,报纸上的饲料保持1厘米厚正合适。饲料配方应是:麦麸80％、玉米粉10％、豆粕粉10％,复合维生素、复合微量元素按产品说明书要求添加。

(二)管理技术

成虫连续产卵3个月以后,雌成虫逐渐衰老死亡。这时雌、雄虫比例由原来的1∶1变为1∶3,剩下的雌虫产卵量也随之下降。所以3个月后种虫应全部淘汰,以免浪费饲料和占用产卵箱。

1. 虫卵的孵化

黄粉虫卵在适宜的温度下孵化期为7～10天,所以孵化7天以后应筛1次卵。筛卵时首先将箱中饲料及其他碎屑筛下,避免箱中存有个别的卵粒和幼虫。然后将卵纸一起搬到孵化箱中进行孵化。卵的孵化箱和成虫产卵箱规格相同,但是箱底是木板的。1个孵化箱可孵化2～3个产卵箱收集的卵,但应分层堆放。层间要用几根木条隔开,以便透气。在干燥的时候,卵上要盖一层菜叶子。卵在孵化箱内 10 天以内即可孵化出幼虫,然后将卵纸等物全部抽出。这些幼虫就在孵化箱中继续饲养,3 龄以前不要添加饲料,原来产卵时的饲料就够用了,但要经常放菜叶子。

2. 幼虫的饲养与管理

当饲料基本吃完以后,经过一次细筛,将幼虫粪便筛出。幼虫仍放回原箱饲养,并加入相当虫体 3 倍以上重量的饲料。随着虫龄期的增加,幼虫群体体积逐渐增大,至 6 龄以后应分成两箱饲养。如果喂 2~3 龄蝎,可用 4~5 龄黄粉虫的幼虫。暂用不上的幼虫,放在低温冷藏室保存,让其处于冬眠状态。留种的幼虫,要降低存放密度,精心管理。

3. 化蛹期管理

老熟的幼虫在化蛹前四处逃散,目的是寻找适宜的地方化蛹。所以,在老龄幼虫化蛹前应将它们放在包有铁皮的箱中或大铁盆中,以免其逃跑。

在化蛹初期,每天拣蛹 1~2 次,避免被其他幼虫咬伤。化蛹后期,全部幼虫都处于化蛹前的半休眠状态,这时就不再拣蛹了,待全部化蛹后筛出放入羽化箱中。

第五章　家蝇养殖关键技术

家蝇的生活周期短,在适宜的温度条件下每隔 14～18 天完成一个世代。家蝇的繁殖能力强,每对家蝇一生产卵近千粒。家蝇的食性杂,几乎能在各种类型的有机腐蚀物质中生存,如畜禽的粪便、农副产品的废弃物、工业有机废渣(酒糟、醋糟)、有机垃圾等。所以,家蝇养殖的饲料来源广泛,价格低廉,生产成本极低,而且由于利用废物,因而还具有较深远的环境效益。

一、概　　述

家蝇的主要特征为刺吸式口器,具有前翅 1 对,后翅化成平衡棒,幼虫无足。

(一)饲养家蝇的经济价值

家蝇也称舍蝇,是蝇科昆虫的一个种。人工饲养家蝇时应选择繁殖力强、生长快、生长周期短的红头蝇。红头蝇不像绿头苍蝇那样生存在腐物上,也不像绿头苍蝇那样带菌。人工饲养家蝇主要目的是利用家蝇幼虫(蛆)获取动物性蛋白质。据分析,家蝇幼虫蛋白质含量为 15%(活虫),成虫蛋白质含量 13%,脂肪含量也较高。蝇蛆干物质营养丰富,其蛋白质和脂肪的含量都高于鱼粉。幼虫所含蛋白质中含有全部必需氨基酸,和相当数量的钙、磷、铜等多种动物所需要的微量元素,也是各种畜禽和特种经济动物理想的动物性蛋白质。目前人工饲养蝎、蜈蚣、黄鳝、牛蛙等需要活虫作饵料的项目,也都人工饲养家蝇,用其蝇蛆作活饵料。

另外,苍蝇体内的蛋白质中有一种杀菌蛋白质,对疾病有抵抗能力。把蝇蛆体内的杀菌蛋白提取出来,可制成口服保健品或药物,增强人类的抗病力,造福于人类。

无菌蝇和无菌蝇蛆所用饵料是以豆腐渣、玉米面、麦麸、红糖科学配制,熟化后加入益生菌发酵,含水量 70%,其身上绝对无菌(无病菌),可以作人类的食品烹饪出多种菜肴。所以,家蝇开发利用前景广阔。

(二)家蝇的生活史

家蝇是完全变态的昆虫,一生经过卵、幼虫(蛆)、蛹和成虫(蝇)4个阶段。卵和蛹是不食、不动的;幼虫和成虫有活动能力,还需要不断地吃食。

卵:卵为乳白色,在24~32℃空气相对湿度65%的环境条件下,8~12小时即孵化出幼虫。

幼虫(蛆):幼虫有避光性,在自然条件下,幼虫常寄生的粪料中,在人工饲养条件下,饲养者根据幼虫的用途配制饲料。幼虫在整个生长过程中共蜕皮2次,从孵化到幼虫老熟总共需要5~6天。幼虫孵化为蛹是在培养料中进行的。幼虫期适宜的温度为25~43℃,培养料含水量65%~80%。

蛹:蛹在适宜的温度和湿度条件下,经过3~4天发育为成虫,蜕壳后即能飞翔。

成虫:成虫生命期1~2个月。白天活动,喜欢在白色或浅色的地方停留,夜晚一般栖息不动。主要吃腐烂的有机物,如动物粪便、垃圾、腐物等。由蛹羽化为成虫后3天就达到性成熟,开始交尾。雌成虫一生只交尾1次,交尾后2天左右开始产卵,产卵开始后6~8天达到产卵高峰期,以后产卵量逐渐下降,20天以后成虫老化。

家蝇繁殖力极强,1只雌蝇每次产卵100~200粒,每对家蝇1年可繁10~12代。在适宜的环境条件下,30~35天完成一个世代交替,即一个生活史。家蝇的生长期短,饲养设备简单,饲养成本低,经济效益高,具有很高的开发潜力。

二、家蝇的生活习性及饲养设备

(一)家蝇的生活习性

家蝇(图5-1)是昆虫纲的一种变温动物,体温随着环境温度的变化而变化,在一个生命世代不同阶段中,对温度的适应情况也不相同。

1. 对温度的适应

家蝇以卵越冬,在北纬 45°以北地区,1 月晚上最低温度可以达 −45～−30℃,产在野外的蝇卵入夏后仍陆续孵化生出幼虫,说明蝇卵能经受 −30℃以下的温度考验。

幼虫:生产实践证明,幼虫期能经受 43℃温度考验,虫龄愈大耐热愈强。

成虫:成虫最适宜的温度为 25～35℃,温度高于 35℃,家蝇往阴凉地方去,躲避热的环境;温度低于 15℃,家蝇就要寻找光明、温暖的地方取暖。

2. 对光线的适应

家蝇的成虫均在白天活动,晚上静止栖息,所以它们喜欢落在白色或浅色的物体上。幼虫趋暗,常躲在阴暗潮湿的地方。

(二)成蝇的饲养设备

成蝇有翅,善飞翔,在适宜的温度条件下非常活跃,行动敏捷,饲养成蝇用蝇笼,防止其高飞逃逸。饲养成蝇的设备有以下几种:

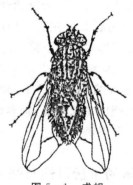

图 5−1　成蝇

1. 蝇笼

蝇笼分两种形式,一种是单层笼,另一种是多层笼。单层笼的规格为,用木方做成或用小规格角钢焊成长 100～150 厘米、宽 50～70 厘米、高 80～100 厘米的框架,四周用白尼龙网罩着。其中一面靠墙,外面留操作孔,大小能方便产卵盘和食盘的放入和取出。在操作孔上缝制长约 30 厘米的黑色袖套,以防放、取盘时家蝇飞走。

另一种是多层立体养蝇架。这种设备优点是少占饲养室地面,充分利用空间,扩大生产规模。先用 3 厘米×3 厘米的木方或 3 厘米×2 厘米的角钢做单元框架。蝇架长 100～150 厘米、宽 50～60 厘米、高 150 厘米,将其分为 3 层,每层 60 厘米,四周和上下均以白色尼龙纱罩住。

2. 食盘和水盘

每层网箱中都要配 3～4 个普通小碟,小碟中放饲料;再放 1 个盘子作饮水盘,饮水盘中浸一块海绵吸水。

3. 产卵盘

每个网箱中放 1～2 个大盘,盘中放产卵引子。产卵引子用麦麸加 0.03% 碳酸氢铵溶液搅拌而成。也可用新鲜或发酵过的畜禽粪;如果蝇蛆用途是作食品或食品添加剂,引子必须用玉米面煮熟后加入蔗糖。产卵引子要在盘中均匀地撒开,厚度 1 厘米左右。产卵盘每天换 1 次,连蝇卵和引子一起取出,移入幼虫培养室进行孵化。种蝇在每天 8:00～15:00 产卵最多,取卵时间应在第二天清晨。且忌把不同天所产的卵放在同一个育蛆盆中。否则幼虫生长大小不一,影响产量和分离的难度。

4. 羽化瓶

用广口瓶若干个,换代时盛放即将羽化的种蝇蛹。

(三)成蝇的饲料原料及配制

成蝇在自然条件下,主要是吃腐烂的有机物,如动物粪便、动物尸体、垃圾等。在人工饲养条件下,根据所产蝇蛆的用途,可人为地配制成蝇饲料。成蝇饲料原料有豆腐酒、玉米粉、麦麸、鸡粪、人粪、红糖、奶粉、蛆浆等。根据蝇蛆的用途,选择以上介绍的饲料原料配制成蝇饲料。

1. 蝇蛆作特种经济动物活饲料用的成蝇饲料配方

如果培养的蝇蛆作蝎子、蜈蚣、鳖、黄鳝等特种动物的活虫饲料,为了降低生产成本,主要饲料原料可以用鸡粪、牛粪等。配方可参考如下配方:

（1）以鸡粪作主料　鲜鸡粪80％、红糖5％、打成浆的鲜活蛆浆5％、益生菌0.5％、玉米粉9.5％。玉米粉熟制加工成糊状,以上几种原料混合充分搅拌后放置2～3天,经发酵饲料的病菌和虫卵被杀死后再装入盘中,放入成虫网箱内,供其食用。

（2）以豆腐渣和牛粪作主料　豆腐渣40％、牛粪40％、豆饼粉10％、红糖5％、玉米粉4.5％、益生菌0.5％,将玉米与豆饼粉先混合、熟制,然后搅碎,与以上原料充分混合,发酵后做成蝇的饲料。

2. 培育的蝇蛆作食品、蛋白粉生产原料的种蝇饲料配方

（1）以蝇蛆粉作主料　家蝇的4龄幼虫磨浆占50％、麦麸25％、玉米粉20％、红糖4.5％、益生菌0.5％。将以上原料混合发酵后制成稀糊状供成蝇吸食。

（2）以豆腐渣为主料　豆腐渣40％、玉米粉20％、麦麸20％、奶粉5％、花生饼粉5％、酒糟5％、益生菌0.5％、红糖4.5％。生料粉碎、混合、熟制加入适量水调成稀糊状再加入红糖、益生菌混合而成。

益生菌

益生菌是有益微生物群简称,它是多种微生物亲密、和谐共生的有益菌大家庭。益生菌产品中,有好氧性细菌,也有厌氧性细菌,由于他们大量存在,在繁殖和生长中能产生大量的物质及分泌的物质,这些物质有的可以作为有益菌群生长的基质,共同增殖,使之形成优势菌群,有的作为病菌的抑制剂,逐渐降低有害菌的数量,形成复杂而稳定的微生态系统。在饲料中加入益生菌不仅使成蝇身上无病菌而成为无菌蝇,而且饲料不会腐败,再者蝇舍无臭味,是健康养蝇的有效措施。

三、种蝇的来源

（一）普通种蝇的来源

随着家蝇开发利用工作发展,近年来国家一些科研单位、生产单位、疾病防控单位都培养和繁殖了一些优良种蝇。饲养户可从网上查找养家蝇的企业并到那里去购种。另外，每个省都有疾病控制中心，这样的单位也会保存家蝇的种。

(二)无菌种蝇的培育

无菌种蝇培育的方法如下：先是在幼虫（蛆）的培养料中加入0.5％的益生菌，由于益生菌大量繁殖，病菌先是被抑制，以后被消灭，整个培养料中已无病菌存在了，幼虫在无病菌的环境中生长。待幼虫化蛹后，将蛹捞出，用0.1％的高锰酸钾溶液浸泡2～3分，浸泡后倒出高锰酸钾溶液再用凉开水浸泡2～3分，不断搅动，洗去蛹上高锰酸钾残存的部分。挑选个大、饱满的蛹置于种蝇网箱中进行羽化，羽化的成蝇即为无菌蝇。这里说的无菌是指身上不带病菌。

(三)种蝇的越冬保存

冬季气温低的情况下，若不准备生产，那就要采取措施把种蝇保存起来安全越冬。人工养蝇保种的办法是采取室内越冬办法进行保护。方法是：将蝇蛆保存在适当温度和疏松、潮湿的培养料中。培养料用麦麸50％、玉米面40％、豆饼粉5％、红糖5％，另加益生菌1％，即10千克料加100克益生菌，混合均匀后加水15％～20％。培养料配置好以后把蝇放入，经混合装入容器，容器口用尼龙网盖好，放在4～8℃的室内。如果天气变化、温度降低，室内无加温设备，需盖上稻草保温。

四、饲养场所和投种密度

(一)饲养场所

饲养场所应在室内，室内温度应保持25～32℃，室内空气相对湿度应在65％左右。饲养室在投入种蝇以前应彻底打扫、彻底消毒，保持室内清洁卫生。晴朗、微风的天气，应打开门窗通风换气。为确保通风换气时不进入害虫和敌害，在饲养室投入使用以前必须装上纱门或纱窗，在打开门窗通风换气时，必须关好纱门和纱窗。

(二)投种蝇密度

家蝇投种密度大小,可根据笼箱大小、种蝇个体大小以及室内通风条件优劣、降温设备是否得力而定。一般是长 150 厘米、宽 70 厘米、高 80 厘米的单层笼,应投种蝇 15 000 只左右;长 150 厘米、宽 60 厘米、高 60 厘米的多层架笼,每层笼应投种蝇 10 000 只左右。

(三)种蝇淘汰

种蝇饲养 20 天后,产卵量会大大下降,为保持高产、降低成本,种蝇饲养 20 天后就要更换。淘汰种蝇的方法是:将蝇笼箱中的饲料和饮水取出,断料、断水 3 天后,种蝇就全部死亡,也可以用其他的方法处死种蝇。例如,将种蝇箱抬到阳光下暴晒,也能将其晒死。种蝇处死后把死蝇扫出,种蝇用过的笼箱用 5% 的来苏儿溶液喷洒消毒,再用清水冲洗干净,晾干备用。同时养蝇室要打扫干净,进行地面和墙壁消毒、空间消毒。

淘汰的种蝇烘干磨粉,作为动物性蛋白质饲料可以加入畜禽饲料中。

五、幼虫(蛆)的培养设备和培养基制备

(一)幼虫培养设备

1. 育蛆盆

塑料盆、铝盆均可,深为 10～15 厘米的最适宜。准备育蛆盆的数量应根据育蛆量来定。

2. 立体育蛆架

种蝇立体饲养架撤去尼龙网,经洗刷消毒后在其上摆放塑料箱即可。

(二)培养基原料及制备

幼虫(蛆)培养基原料可利用鸡粪、猪粪、麦麸、玉米面、红糖、米糠等。可根据培育出来的蛆的用途选料制备培养基。

培育出的蛆可作活饲用动物的培养基用料。鸡粪或猪粪 60%,鲜粪或发酵过的均可。然后加入麦麸 30%、细米糠 5%、红糖 5%。

以上原料混合后拌入益生菌 1%,再加入相当于饲料原料总量 50%~60%的水;也可以鲜鸡粪或鲜猪粪加 1%的益生菌。这样不仅可以消灭鲜粪中的病菌,而且没有臭味。

(三)虫卵孵化

1. 虫卵接种与孵化

将制好的培养料盛入育蛆盆中,厚约 5 厘米。每千克培养基放入 3 克蝇卵,将蝇卵均匀地撒在培养基表层,放置在温度 24~32℃的培养室内饲养,8~12 小时后出现幼虫。

2. 培养基水分调节

培养基(培养料)水分含量必须适中,否则影响孵出的幼虫的成活率。孵化期内若培养基较干,应加一些水,但不能加水太多,不能使孵化容器内有积水。若孵化容器内有积水或水分过多,孵出的幼虫容易窒息死亡。幼虫全部孵化出来后,应降低培养基的湿度,做到内湿外干,以便幼虫钻出,幼虫与蛹分离。

六、幼虫分离与加工

(一)幼虫分离

幼虫经过 3~4 天的生长发育,即可变成蛹,幼虫在化蛹前要进行收集利用。收集幼虫的方法是,利用幼虫避光的特性,把培养盆放在阳光较强的地方,不断扒培养基表面,幼虫就不停地往深处钻,取出表层培养基后再扒,如此反复直至幼虫全部钻入底层。最后将剩下的少量的培养基和幼虫倒入纱布制成的网筛内,在水中反复漂洗,即可获得干净的幼虫。

(二)幼虫的利用和产品加工

1. 活虫作饵料

家蝇的幼虫和成虫都可以作人工养蝎的活饵料;幼虫还能作人工养殖蜈蚣、鳖、黄鳝、牛蛙、鸟等的活饵料。由于家蝇会飞且很灵敏,给蝎子投喂家蝇时,需在养蝎池上方加盖尼龙纱制成的网罩。网罩的颜色可用蓝色或绿色,并且一侧留操作孔。操作孔上缝制深色袖套,以防成蝇逃出罩外。操作孔的大小以能放入蝇笼为宜,待投放成虫时,先将盛成虫的笼放入罩内,待成虫从笼中飞出后,将蝇笼取出。家蝇的成虫白天很活跃,在罩内乱飞,夜间它们常栖息在垛体上,蝎子是夜里活动,捕食比较方便。

2. 幼虫加工

家蝇幼虫期很短,即在适宜的温度条件下从卵开始孵化到幼虫老熟只有 5～6 天,所以每批幼虫作活体饵料期很短,多余的幼虫必须加工成蝇蛆粉。蝇蛆粉用途有两个方面,一是作珍贵毛皮动物人工饲养的动物性饲料;二是进一步提纯,作食品添加剂或口服蛋白粉。

蝇蛆产品加工方法

先将蝇蛆处死烘干,处死的方法是用开水烫死,用锅把水烧开,不断地加火使水不断开着。把分离出的蝇蛆装入竹制笊篱内放入开水锅内,1 分左右笊篱内的蝇蛆全部杀死,把笊篱提出水面、沥去水分,放在竹制容器内继续沥水,当沥水的竹容器不再往下滴水时,放入 50℃的恒温干燥箱中进行烘干处理。

将烘干的蝇蛆用钢磨磨粉碎,过 80 目的筛,加工出的蝇蛆粉即为粗制蛋白粉,可以在特种动物饲料中添加,也可以作为精制蛋白的原料供给精制蛋白加工厂。

第六章　黑粉虫养殖关键技术

黑粉虫全身呈黑褐色,原本是一种危害仓储粮食的害虫,后来发现黑粉虫体中含有大量的氨基酸和微量元素,可以用来喂养活蝎、蜈蚣、蛤蚧、林蛙等特种动物,是一种很有利用价值的昆虫。黑粉虫的养殖适合规模化或者作坊式养殖,黑粉虫养殖成本低,生长周期短,经济回报快,是一个高效养殖的新项目。

一、概　　述

　　黑粉虫的主要特点是咀嚼式口器,翅 2 对,前翅革质,无翅脉,起保护作用,后翅比较大而薄,膜质,用于飞翔。静止时折叠于鞘翅下。与黄粉虫同目不同属。成虫外部形态见图 6-1。

　　黑粉虫体内所含的几种氨基酸与黄粉虫体内所含的几种氨基酸互补。尤其是胱氨酸的含量较高,是其他食物原料所无法比拟的。胱氨酸用在养蝎、养蜈蚣上,蜕皮情况很好;黑粉虫幼虫干燥后加工的蛋白质粉添加在珍贵毛皮动物的饲料中,对珍贵毛皮动物换毛有促进作用。

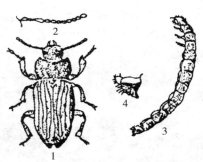

图 6-1　黑粉虫

1.成虫　2.成虫触肢　3.幼虫　4.臂叉

二、黑粉虫的形态特征

（一）成虫的形态特征

黑粉虫体型稍大于黄粉虫，暗黑色，鞘翅上无金属光泽。触角末节长度小于宽度。第一节长度小于或等于第一节和第二节之和。虫体长圆形，背面为黑褐色，腹面赤红色。腹部背面有两片角质化的鞘翅覆盖，后翅膜状，折叠于鞘翅以下。头部和腹部高度角质化、坚硬，但腹部的背面嫩而柔软，藏于鞘翅下。鞘翅上有许多刻点组成的整齐的纵沟。前足基节窝后方为封闭式的，前足和中足的附节由 5 节组成，后足的附节由 4 节组成。

（二）卵的特征

卵为白色，椭圆形，长 2 毫米左右。刚产出的卵表面有黏液，常粘有饲料的碎屑，不仔细看难以发现。如果周围环境适宜，温度在 $26\sim28℃$，饲料含水量在 $13\%\sim15\%$，7 天后孵化出幼虫。

（三）幼虫的特征

幼虫长圆筒形，老熟幼虫长达 35 毫米。黑粉虫比黄粉虫生长发育缓慢得多，在平均温度 25℃ 的情况下，发育周期需 8 个月。幼虫需要 14 周蜕 14 次皮才能化为蛹。蛹经过 15 天方能羽化为成虫，成虫期为 3 个月。羽化为成虫半个月后才开始产卵，每只雌虫能产卵 400 粒以上，卵经过 15 天化为幼虫。幼虫期长达 6 个月左右。

三、黑粉虫的生活习性

野生的黑粉虫常见于室内的垃圾堆里。幼虫和成虫白天均潜伏黑暗处，晚上爬到垃圾堆表面活动和觅食。成虫爬行迅速，一般不飞翔。黑粉虫食性杂，吃各种粮食、油料籽实、粮食和油料加工的副产品及各种枯枝落叶等。但以豆科植物的叶、桑叶、梧桐叶为最爱。此外还取食一些死亡后腐烂的虫体。

四、黑粉虫的人工饲养方法

　　黑粉虫的饲养方法与黄粉虫大致相同,养殖空间相对湿度要求在 $60\%\sim75\%$,饲料含水量要求在 $14\%\sim16\%$。对温度的适应范围较小,黑粉虫适应生长发育的温度应为 $25\sim30℃$。

　　用温箱养黑粉虫产量很低,不能满足需要。在室外建简易养殖室饲养,产量可以大幅提高。应特别注意的是,在饲养黑粉虫成虫和幼虫时,除喂给黑粉虫所吃的饲料外,在饲养窝中应加大量的树叶,并保持 $10\sim20$ 厘米厚度,随着树叶不断被进食,及时补充。

第七章　洋虫养殖关键技术

洋虫在南方常作为药用昆虫饲养，取其粪入药，药材名洋虫。其幼虫也可以作养鸟、养蝎、养黄鳝的饲用饵料。

一、洋虫的形态特征

洋虫是肉食性小动物的饲用动物,对蝎、蜈蚣、黄鳝、牛蛙等小动物生长发育有极大促进作用。洋虫很小,只有黄粉虫、黑粉虫虫体的一半大,体色深黑,有光泽。身体长椭圆形,长6毫米。触角、口器、足红黑色。头部散布较密的小刻点,前端有横洼,两侧有小窝。眼颇大,触角粗,第四至第十节宽大于长,末端节略窄、长,几乎成圆形。前胸短,宽大于长,并不窄于翅鞘,前端中间有的有小窝。后缘两端有宽而浅的凹,后角近直角形,前角钝,小质板钝倒卵形,散布极小刻点。鞘翅细长,刻点行细,行间有颇密的刻点。腹部刻点密,其形态见图7-1。

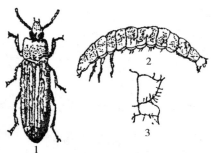

图7-1 洋虫
1.成虫 2.幼虫 3.臀叉

二、洋虫的生活习性

洋虫是完全变态的昆虫,生活周期短,由卵孵化为幼虫,幼虫老熟化蛹,蛹羽化为成虫时,在温度为25～30℃的条件下仅需40天。但成虫的寿命为3个月。洋虫既怕热又怕冷,在幼虫生长发育期,如果饲养室温度高于40℃,2～3天就会出现大批死亡的现象。幼虫在10℃以下、成虫在5℃以下均不能生存。洋虫喜欢吃带甜味的食物,在饲养时应在饲料中加少量的甜蜜素,增加其食欲,添加量控制在1/200。

三、洋虫的饲料原料及配制

(一)洋虫的饲料原料

洋虫也是一种杂食昆虫,植物性饲料、动物性饲料均能采食。植物性饲料有玉米、小麦、麦麸、细米糠等,植物性蛋白质饲料有黄豆饼、花生饼、芝麻饼、菜籽饼、棉籽饼等;动物性饲料有鱼粉、肉骨粉、血粉、蚕蛹粉等;另外,还应在饲料中添加一些维生素和防腐剂等。

(二)饲料配方

饲料原料应就地取材,当地什么东西多用什么,什么廉价用什么,尽量做到降低饲养成本。饲料配方应根据当地的材料精心设计,尽量达到营养平衡,满足成虫期和幼虫期不同阶段的需要。幼虫饲料配方:玉米粉40%、小麦粉20%、小麦麸15%、细米糠10%、花生饼粉10%、菜籽饼粉5%。另外,按饲料的总量再加入复合维生素0.1%、土霉素粉0.03%、小麦粉10%、小麦麸25%、细米糠15%、花生饼粉10%、黄豆饼粉5%、菜籽饼粉5%。另加相当于饲料总量的添加剂复合维生素0.1%、复合微量元素0.1%、维生素C 0.03%。

四、洋虫的饲养管理

刚羽化的成虫转移到成虫产卵箱中饲养。产卵箱用木箱,规格为长50厘米、宽30厘米、高10厘米,底部钉铁丝网,网眼直径2~3毫米,过大了成虫容易逃出,过小了则箱内放不下杂物。箱内侧上部四边镶以白铁皮或玻璃,防止成虫逃跑。在投放饲料前,先在箱下垫木条板,板上铺一张纸,成虫可将卵产在纸上,箱内撒上一些配合饲料,厚约1厘米,根据温度和湿度,在饲料上再撒一层菜叶。若温度高、湿度低,则需多盖一些。

由于洋虫卵期短,约为5天,所以5~7天应筛卵1次。筛卵时首先将箱中饲料及碎屑筛下,避免箱中存在个别卵粒和幼虫。然后将卵纸一起转移到孵化箱中进行孵化。孵化箱与成虫产卵箱相同,只是底部是木质的。1个孵化箱可孵化2~3个产卵箱的卵,但应分层摆放,层与层之间用木条隔开,以利于空气流通。在干燥季节,卵上覆盖一层菜叶。卵在孵化箱内5天之内即可全部孵化为幼虫。然后把卵纸和木条全部清理出去。这些幼虫就在孵化箱内饲养。1~2龄的幼虫可以不加饲料,但需要放些菜叶,随着幼虫逐渐长大,逐渐添加饲料。

洋虫幼虫没有食蛹的习性,所以老熟幼虫化蛹时,不必拣蛹。待蛹全部羽化为成虫后上面盖一片纸,成虫爬到纸上,将纸片一起移到成虫产卵箱中饲养、产卵。

洋虫饲养时,要特别控制环境的温度,一般控制在25~30℃。对湿度也要严格控制,即饲料的含水量不能低于15%~17%,饲养室空气相对湿度不能低于70%。湿度过低则幼虫生长缓慢,湿度过高则易患白僵病。如果发生了白僵病,可用福尔马林蒸汽消毒饲养室及容器,并严格剔除病虫虫体,防止再传染其他虫体。

后　记

　　笔者早年毕业于武汉大学生物系动物专业。参加工作后致力于珍贵毛皮动物的养殖技术研究和产品开发。曾先后承担中华人民共和国科学技术部、河南省科技厅基础研究项目和技术攻关项目12项，取得的科研成果中两项获省部级科技进步二等奖，三项获省部级科技进步三等奖，共发表学术论文和综述性文章164篇。退休后深入基层，给饲养场做技术指导、技术咨询等技术服务，共同解决生产中的技术难题，专业内又积累了大量的实用性技术。

　　自1985年在中原农民出版社出版第一本书《长毛兔养殖技术》以来，陆续出版了《水貂养殖关键技术》《貉养殖关键技术》《特种动物疾病防治》《怎样提高养长毛兔效益》《肉兔安全高效养殖技术》《优质獭兔饲养技术》《兔繁殖障碍病防治关键技术》《兔产品实用加工技术》《养兔科学用药指南》《新编药用动物饲养技术手册》《蝎子养殖关键技术》《蜈蚣养殖关键技术》《人工养蝎新技术》等，加上本书，共37本书，850多万字，大大地丰富了特种养殖的内容。

　　2010年被"12316'三农'"服务热线聘请为专家服务团成员后，热心为农民服务，认真细致地为农民解答特种养殖中的技术问题。由于在服务工作中成绩显著，2010年、2011年连续两年被评为"十大名星专家"，2012年、2013年连续两年被评为"十佳服务明星"，均受到河南省农业厅的表彰和奖励。2012年11月在北京召开的中国兔业30年峰会上被评为"先进兔业科技技术工作者"，受到中国兔业协会的表彰。现为中原生态农业联盟顾问委员会专家委员。

　　至此虽已年逾古稀，但脑子仍很清醒，腿仍然硬朗，愿意把积累的知识和经验传授给农民朋友，为特种养殖业的发展发挥余热，农民朋友若有特种养殖方面的技术问题请拨电话12316803联系，定会想办法帮助解决。

向前

2019年12月